나비
나들이도감

세밀화로 그린 보리 산들바다 도감
나비 나들이도감

그림 옥영관
글 백문기

편집 김종현
기획실 김소영, 김용란
디자인 이안디자인
제작 심준엽
영업 나길훈, 안명선, 양병희
독자 사업(잡지) 김빛나래, 정영지
새사업팀 조서연
경영 지원 신종호, 임혜정, 한선희
분해와 출력·인쇄 (주)로얄프로세스
제본 (주)상지사 P&B

1판 1쇄 펴낸 날 2019년 10월 10일 | **1판 3쇄 펴낸 날** 2023년 4월 20일
펴낸이 유문숙
펴낸 곳 (주) 도서출판 보리
출판등록 1991년 8월 6일 제 9-279호
주소 (10881) 경기도 파주시 직지길 492
전화 (031)955-3535 / **전송** (031)950-9501
누리집 www.boribook.com **전자우편** bori@boribook.com

잘못된 책은 바꾸어 드립니다.
값 12,000원

보리는 나무 한 그루를 베어 낼 가치가 있는지 생각하며 책을 만듭니다.

ISBN 979-11-6314-091-7 06470 978-89-8428-890-4 (세트)
이 도서의 국립중앙도서관 출판예정도서목록(CIP)은 서지정보유통지원시스템 홈페이지(http://seoji.nl.go.kr)와 국가자료공동목록시스템(http://www.nl.go.kr/kolisnet)에서 이용하실 수 있습니다. (CIP 제어번호 : CIP2019037612)

세밀화로 그린 보리 산들바다 도감

우리나라에 사는 나비 120종

나비 나들이도감

그림 옥영관 | 글 백문기

보리

일러두기

1. 이 책에는 우리나라에서 볼 수 있는 나비 120종이 실려 있다. 나비는 분류 차례 순서로 실었다. 나비 이름은 《국가생물종목록 Ⅲ. 곤충》(국립생물자원관, 2019)을 따랐다. 북녘 이름은 《조선나비원색도감》(과학백과사전출판사, 1987), 《한국나비도감》(여강출판사, 2001)을 참고했다.
2. 책은 크게 1부와 2부로 나누었다. 1부에는 나비 하나하나에 대해 설명해 놓았다. 나비 그림은 수컷과 암컷, 수컷 옆모습을 기본으로 그려 넣었고, 나비에 따라 변이형, 계절형, 암컷 옆모습도 그려 넣었다. 2부에는 나비에 대해 알아야 할 내용을 정리해 놓았다.
3. 본문에 나오는 나비 생태 정보는 《한국나비도감》(신유항, 1991), 《원색한국나비도감》(김용식, 2010), 《한국나비생태도감》(김성수, 서영호, 2012), 《한반도 나비 도감》(백문기, 신유항, 2014)을 참고했다.
4. 맞춤법과 띄어쓰기는 국립국어원 누리집에 있는 《표준국어대사전》을 따랐다. 하지만 전문 용어는 띄어쓰기를 적용하지 않았다.

   예. 멸종위기야생동물, 국외반출승인대상생물종 따위

5. 나무나 풀 분류 이름에는 사이시옷을 적용하지 않았다.

   예. 볏과 → 벼과, 참나뭇과 → 참나무과

6. 본문 보기

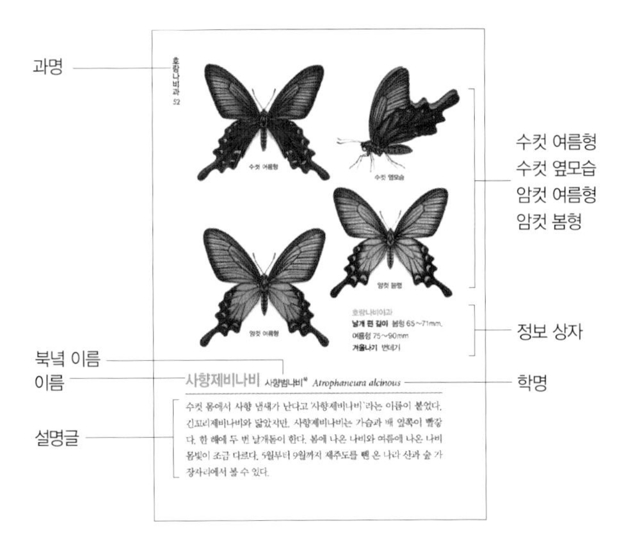
과명
호랑나비과
52
수컷 여름형
수컷 옆모습
암컷 봄형
암컷 여름형
수컷 여름형
수컷 옆모습
암컷 여름형
암컷 봄형
호랑나비아과
날개 편 길이 봄형 65~71mm, 여름형 75~90mm
겨울나기 번데기
정보 상자
북녘 이름
이름
사향제비나비 사향범나비[북] Atrophaneura alcinous
학명
설명글
수컷 몸에서 사향 냄새가 난다고 '사향제비나비'라는 이름이 붙었다. 긴꼬리제비나비와 닮았지만, 사향제비나비는 가슴과 배 옆쪽이 빨갛다. 한 해에 두 번 날개돋이 한다. 봄에 나온 나비와 여름에 나온 나비 몸빛이 조금 다르다. 5월부터 9월까지 제주도를 뺀 온 나라 산과 숲 가장자리에서 볼 수 있다.

나비
나들이도감

그림으로 찾아보기

팔랑나비과	수리팔랑나비아과 흰점팔랑나비아과 돈무늬팔랑나비아과 팔랑나비아과
호랑나비과	모시나비아과 호랑나비아과
흰나비과	기생나비아과 노랑나비아과 흰나비아과
부전나비과	부전나비아과 주홍부전나비아과 녹색부전나비아과
네발나비과	뿔나비아과 왕나비아과 뱀눈나비아과 네발나비아과 돌담무늬나비아과 오색나비아과 표범나비아과 줄나비아과

팔랑나비과

수리팔랑나비아과

푸른큰수리팔랑나비 24

흰점팔랑나비아과

왕팔랑나비 25

왕자팔랑나비 26

멧팔랑나비 27

돈무늬팔랑나비아과

수풀알락팔랑나비 28

돈무늬팔랑나비 29

팔랑나비아과

줄꼬마팔랑나비 30

검은테떠들썩팔랑나비 31

유리창떠들썩팔랑나비 32

줄점팔랑나비 33

제주꼬마팔랑나비 34

파리팔랑나비 35

호랑나비과

모시나비아과

모시나비 38

꼬리명주나비 39

애호랑나비 40

호랑나비아과

호랑나비 41

산호랑나비 42

제비나비 43

산제비나비 44

남방제비나비 45

사향제비나비 46

청띠제비나비 47

흰나비과

기생나비아과

기생나비 50

노랑나비아과

노랑나비 51

남방노랑나비 52

극남노랑나비 53

각시멧노랑나비 54

흰나비아과

큰줄흰나비 55

대만흰나비 56

배추흰나비 57

풀흰나비 58

갈구리나비 59

부전나비과

부전나비아과

물결부전나비 62

남방부전나비 63

암먹부전나비 64

먹부전나비 65

푸른부전나비 66

작은홍띠점박이푸른부전나비 67

소철꼬리부전나비 68

부전나비 69

주홍부전나비아과

작은주홍부전나비 70

큰주홍부전나비 71

녹색부전나비아과

붉은띠귤빛부전나비 72 금강산귤빛부전나비 73 시가도귤빛부전나비 74

귤빛부전나비 75 물빛긴꼬리부전나비 76

담색긴꼬리부전나비 77 참나무부전나비 78 은날개녹색부전나비 79

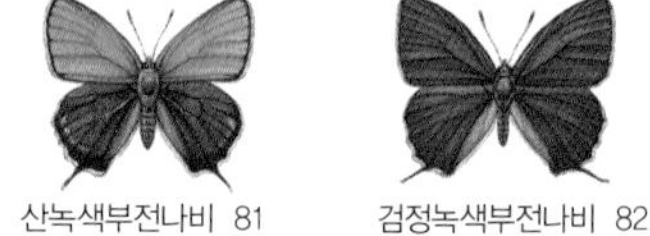

넓은띠녹색부전나비 80 산녹색부전나비 81 검정녹색부전나비 82

북방녹색부전나비 83 범부전나비 84

벚나무까마귀부전나비 85 까마귀부전나비 86 꼬마까마귀부전나비 87

쇳빛부전나비 88 쌍꼬리부전나비 89

네발나비과

뿔나비아과

뿔나비 92

왕나비아과

왕나비 93

뱀눈나비아과

먹그늘나비 94

왕그늘나비 95

황알락그늘나비 96

눈많은그늘나비 97

뱀눈그늘나비 98

부처나비 99

부처사촌나비 100

도시처녀나비 101

외눈이지옥사촌나비 102

흰뱀눈나비 103

조흰뱀눈나비 104

굴뚝나비 105

참산뱀눈나비 106

물결나비 107

애물결나비 108

네발나비아과

거꾸로여덟팔나비 109

작은멋쟁이나비 110

큰멋쟁이나비 111

들신선나비 112

청띠신선나비 113

네발나비 114

산네발나비 115

금빛어리표범나비 116

돌담무늬나비아과

먹그림나비 117

오색나비아과

황오색나비 118
번개오색나비 119
왕오색나비 120
은판나비 121
수노랑나비 122
유리창나비 123
흑백알락나비 124

홍점알락나비 125

대왕나비 126

표범나비아과

작은은점선표범나비 127

큰표범나비 128

은줄표범나비 129

구름표범나비 130

은점표범나비 131

긴은점표범나비 132

왕은점표범나비 133

암끝검은표범나비 134

암검은표범나비 135

흰줄표범나비 136

큰흰줄표범나비 137

줄나비아과

줄나비 138

굵은줄나비 139

참줄나비 140

제일줄나비 141

제이줄나비 142

애기세줄나비 143

세줄나비 144

참세줄나비 145

두줄나비 146

별박이세줄나비 147

높은산세줄나비 148

왕세줄나비 149

어리세줄나비 150

황세줄나비 151

우리나라에 사는 나비

팔랑나비과 HESPERIIDAE

팔랑나비 무리는 온 세계에 4100종이 넘게 산다. 나비 무리 가운데 몸집이 작거나 보통쯤 된다. 들판부터 높은 산지까지 여러 곳에서 볼 수 있고, 이른 봄부터 늦가을까지 날아다닌다. 몸이 뚱뚱하고, 날개가 작지만 팔랑팔랑 재빠르게 난다고 '팔랑나비'라는 이름이 붙었다. 팔랑나비 무리는 더듬이가 짧고, 끝이 뭉툭한 갈고리처럼 생겨서 다른 나비 무리와 다르다. 우리나라에는 4아과 37종이 알려져 있다. 북녘에서는 '희롱나비과'라고 한다.

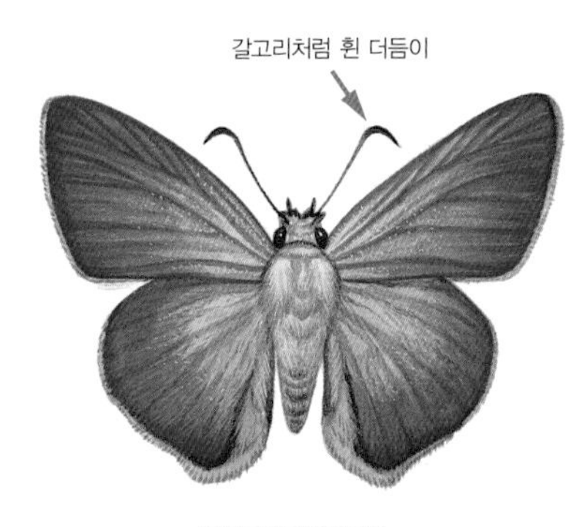

푸른큰수리팔랑나비

알 거의 모든 알은 밑이 넓적한 공처럼 생기거나 호빵처럼 생겼다. 또 겉에 세로줄이 열 줄쯤 나 있다. 빛깔은 누런 풀색이나 연한 누런색을 띤다.

애벌레 애벌레는 흔히 머리가 빨간 밤빛이거나 까맣다. 몸은 불그스름한 풀빛이고 옆구리에 긴 줄무늬가 있다. 잎말이나방 무리처럼 잎을 엮어 그 속에 들어가 잎을 갉아 먹다가 번데기가 된다. 벼과, 사초과, 마과, 장미과, 참나무과, 콩과, 운향과, 나도밤나무과, 두릅나무과, 질경이과, 인동과 식물 잎을 먹는다고 알려져 있다. 그 가운데 줄꼬마팔랑나비는 바늘잎나무인 비자나무 잎도 먹는다. 팔랑나비 무리 가운데 16종이 벼과 식물을 먹는다.

번데기 애벌레는 대부분 잎을 실로 엮어 집을 만들고 그 속에 들어가 번데기가 된다. 번데기는 머리 쪽이 길고 뾰족한 종이 많고, 까만 밤색을 띤다.

어른벌레 어른벌레는 낮에 많이 날아다니는데, 큰수리팔랑나비처럼 늦은 오후부터 해거름까지 힘차게 날아다니는 나비도 있다. 암수 모두 꽃에서 꿀을 빨고, 수컷은 축축한 땅바닥에 모여 물을 빨아 먹기도 한다. 독수리팔랑나비는 동물이 싼 똥이나 말린 생선에도 잘 모인다.

수리팔랑나비아과
날개 편 길이 46~50mm
겨울나기 애벌레
국외반출승인대상생물종

푸른큰수리팔랑나비 푸른희롱나비[북] *Choaspes benjaminii*

푸른큰수리팔랑나비는 큰수리팔랑나비나 독수리팔랑나비와 닮았지만 몸빛이 푸른색을 띤다. 한 해에 두 번 날개돋이 한다. 5월부터 8월까지 남부 지방 넓은잎나무 숲에서 볼 수 있다. 여름에는 중부 지방에서도 보인다. 강원도와 경상북도 동해 바닷가 쪽에서는 볼 수 없고, 서해 대청도에서는 봄에 많이 나온다. 국외반출승인대상생물종이다.

수컷

수컷 옆모습

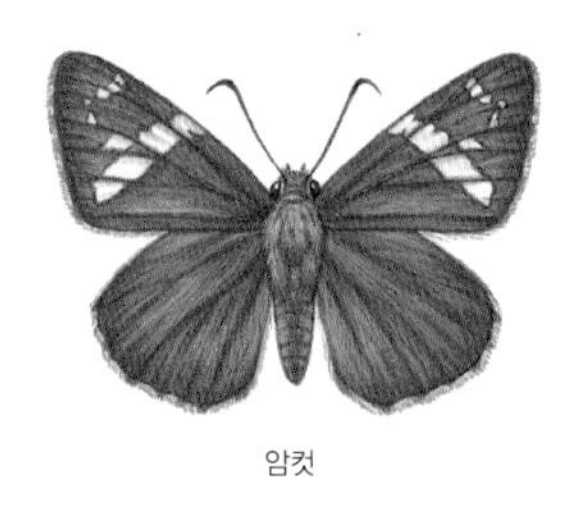

암컷

흰점팔랑나비아과

날개 편 길이 수컷 40~42mm, 암컷 44~46mm

겨울나기 애벌레

왕팔랑나비 큰검은희롱나비[북] *Lobocla bifasciata*

몸집이 대왕팔랑나비와 왕자팔랑나비 사이여서 '왕팔랑나비'라는 이름이 붙었다. 왕자팔랑나비와 닮았지만, 왕팔랑나비는 뒷날개 윗면 가운데에 허연 띠무늬가 없다. 한 해에 한 번 날개돋이 한다. 5월 말부터 7월까지 제주도와 울릉도를 뺀 우리나라 낮은 산 어디에서나 볼 수 있다.

수컷

수컷 옆모습

암컷

제주도산

흰점팔랑나비아과
날개 편 길이 수컷 33~35mm, 암컷 36~38mm
겨울나기 애벌레

왕자팔랑나비 꼬마금강희롱나비[북] *Daimio tethys*

왕팔랑나비보다 작다고 '왕자팔랑나비'라는 이름이 붙었다. 왕팔랑나비와 닮았지만, 왕자팔랑나비는 뒷날개 윗면 가운데에 좁고 하얀 띠무늬가 있어서 다르다. 제주도에 사는 것은 하얀 띠무늬가 뚜렷하다. 한 해에 두세 번 날개돋이 한다. 5월부터 9월까지 낮은 산과 숲 가장자리 곳곳에서 볼 수 있다. 한곳에 많이 모이지는 않지만 생김새가 닮은 왕팔랑나비보다는 많아서 쉽게 볼 수 있다.

수컷

수컷 옆모습

암컷

흰점팔랑나비아과
날개 편 길이 수컷 31~37mm, 암컷 37~39mm
겨울나기 애벌레

멧팔랑나비 멧희롱나비[북] *Erynnis montanus*

멧팔랑나비는 날개가 빨간 밤빛을 띠고, 뒷날개 바깥쪽 가장자리에 누런 점무늬가 줄지어 있다. 한 해에 한 번 날개돋이 한다. 이른 봄 참나무 숲에서 가장 쉽게 만날 수 있는 나비다. 중부와 남부 지방에서는 3월 말부터 5월까지 햇볕이 잘 드는 참나무 숲 길가나 가장자리에서 쉽게 볼 수 있다. 높은 산에서는 6월 중순까지 날아다닌다.

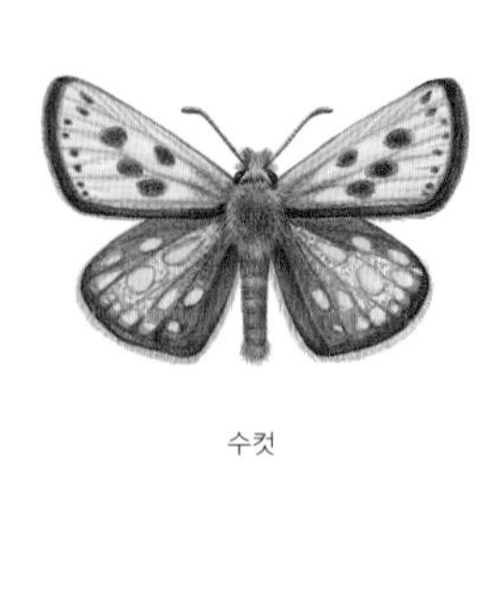
수컷

수컷 옆모습

암컷

돈무늬팔랑나비아과
날개 편 길이 26~30mm
겨울나기 모름

수풀알락팔랑나비 *Carterocephalus silvicola*

수풀알락팔랑나비는 수컷이 밝은 누런색, 암컷은 까만 밤색을 띤다. 뒷날개 가운데쯤에는 동그랗거나 둥글길쭉한 누런 무늬가 여러 개 있다. 한 해에 한 번 날개돋이 한다. 지리산보다 북쪽에 있는 산속에서 볼 수 있다. 남녘에서는 5월 말부터 6월 초까지 강원도 높은 산속 풀밭이나 산길 둘레에 핀 꽃을 찾아가면 쉽게 볼 수 있다. 다른 곳에는 드물다. 북녘에서는 '수풀알락점희롱나비'라고 한다.

수컷

수컷 옆모습

암컷

돈무늬팔랑나비아과

날개 편 길이 수컷 29~34mm, 암컷 36~38mm

겨울나기 애벌레

돈무늬팔랑나비 노랑별희롱나비[북] *Heteropterus morpheus*

돈무늬팔랑나비는 뒷날개 아랫면에 동전처럼 동그란 무늬가 10개쯤 있다. 우리나라 중부와 남부 지방에서는 한 해에 두 번 나온다. 5월부터 6월에 한 번, 7월부터 8월에 또 한 번 날개돋이 한다. 산속 풀밭에서 볼 수 있다. 북녘 북부 지방에서는 6월 말부터 8월 중순까지 한 해에 한 번 나온다. 산속 풀밭이 줄어들면서 예전보다 볼 수 있는 곳이나 수가 시나브로 줄고 있다.

수컷

수컷 옆모습

암컷

팔랑나비아과
날개 편 길이 26~30mm
겨울나기 애벌레

줄꼬마팔랑나비 검은줄희롱나비북 *Thymelicus leonina*

수풀꼬마팔랑나비랑 닮았지만, 줄꼬마팔랑나비 수컷은 앞날개 윗면 가운데부터 뒤쪽으로 까만 선이 비스듬히 나 있고 뚜렷해서 수풀꼬마팔랑나비 수컷과 쉽게 구별된다. 암컷은 앞날개 윗면 테두리 무늬가 일정한 폭으로 나 있고, 누런 바탕색과 뚜렷하게 나뉘어 있어서 수풀꼬마팔랑나비 암컷과 다르다. 6월 말부터 8월까지 한 해에 한 번 날개돋이 한다. 7월에 경기도나 강원도 산속 풀밭에서 꽤 많이 볼 수 있다.

수컷

수컷 옆모습

암컷

팔랑나비아과
날개 편 길이 27~30mm
겨울나기 애벌레

검은테떠들썩팔랑나비 *Ochlodes ochracea*

떠들썩팔랑나비 무리 가운데 날개 테두리 폭이 넓고, 까만색을 띤다고 '검은테떠들썩팔랑나비'라는 이름이 붙었다. 크기가 작고, 날개 테두리 폭이 아주 넓어서 다른 떠들썩팔랑나비와 구별된다. 한 해에 한두 번 날개돋이 한다. 5월부터 9월까지 산속 풀밭이나 산길 둘레에서 볼 수 있다. 남녘에서는 여기저기 산속과 제주도 산에 폭넓게 살지만 수는 많지 않다. 북녘에서는 '검은테노랑희롱나비'라고 한다.

수컷

수컷 옆모습

암컷

팔랑나비아과
날개 편 길이 수컷 33~35mm, 암컷 36~39mm
겨울나기 애벌레

유리창떠들썩팔랑나비 *Ochlodes subhyalina*

산수풀떠들썩팔랑나비와 닮았지만, 유리창떠들썩팔랑나비는 앞날개에 유리창 같은 반투명한 무늬가 있고, 앞날개 아랫면 날개맥 1b실과 2실 바깥쪽 가장자리가 까만 밤색을 띤다. 한 해에 한 번 날개돋이 한다. 5월 말부터 8월까지 숲 가장자리나 산길 둘레에서 흔히 보인다. 여름에는 수가 많아서 어디에서나 쉽게 볼 수 있다. 북녘에서는 '유리창노랑희롱나비'라고 한다.

수컷

수컷 옆모습

암컷

팔랑나비아과
날개 편 길이 33~40mm
겨울나기 애벌레

줄점팔랑나비 한줄꽃희롱나비[북] *Parnara guttatus*

뒷날개 아랫면에 하얀 점들이 줄지어 나 있어서 '줄점팔랑나비'다. 산줄점팔랑나비와 닮았지만, 줄점팔랑나비는 뒷날개 아랫면 날개 뿌리 쪽에 있는 하얀 점무늬가 작고, 날개 가운데쯤에 있는 하얀 점무늬가 한 줄로 나란히 늘어선다. 한 해에 두세 번 날개돋이 한다. 5월 말부터 11월까지 어디서나 흔히 볼 수 있다. 서해안 무인도에서도 볼 수 있을 만큼 멀리까지 날아간다.

수컷

수컷 옆모습

암컷

팔랑나비아과
날개 편 길이 30~35mm
겨울나기 애벌레

제주꼬마팔랑나비 제주꽃희롱나비[북] *Pelopidas mathias*

제주도에 사는 작은 팔랑나비라고 '제주꼬마팔랑나비'다. 흰줄점팔랑나비와 닮았지만, 제주꼬마팔랑나비는 뒷날개 윗면 가운데쯤에 하얀 점무늬가 없다. 한 해에 두 번 날개돋이 한다. 5월부터 11월까지 도랑이나 시냇가, 논밭 둘레, 숲 가장자리, 낮은 산길 둘레에서 볼 수 있다. 제주도와 남해 서부 바닷가 쪽에만 살고 있어서 중부 지방에서는 볼 수 없다.

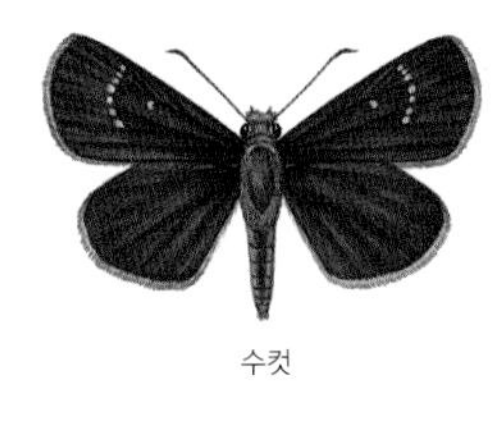

수컷

수컷 옆모습

암컷

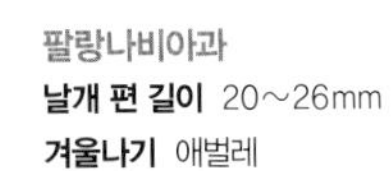

팔랑나비아과
날개 편 길이 20~26mm
겨울나기 애벌레

파리팔랑나비 별희롱나비[북] *Aeromachus inachus*

파리팔랑나비는 팔랑나비 무리 가운데 크기가 가장 작다. 앞날개 윗면 가운데쯤에 작고 하얀 점무늬가 줄지어 있어서 다른 팔랑나비와 다르다. 한 해에 한두 번 날개돋이 한다. 5월부터 9월까지 풀밭이나 숲 가장자리에서 볼 수 있다. 제주도와 울릉도를 뺀 온 나라에서 살지만, 수가 적어서 몇몇 곳에서만 볼 수 있다. 크기가 아주 작아서 잘 눈여겨 봐야만 찾을 수 있다.

호랑나비과 PAPILIONIDAE

호랑나비 무리는 온 세계에 570종 넘게 살고 있다. 극동 아시아에서는 20종쯤 산다. 날개 무늬가 범 무늬를 닮았다고 '호랑나비'라는 이름이 붙었다. 몸집이 아주 큰 나비 무리로 날개 색이 짙고 고우며 띠무늬가 뚜렷하다. 여러 가지 모시나비와 몇몇 종을 빼고는 모두 뒷날개에 꼬리처럼 생긴 돌기가 길쭉하게 나 있다. 또 앞날개 뿌리에서 뻗은 1a 날개맥이 가장자리까지 뻗고, 첫 번째 날개맥과 떨어져 있어서 다른 과 나비와 다르다. 우리나라에는 2아과 16종이 알려져 있다. 북녘에서는 '범나비과'라고 한다.

산호랑나비

알 모시나비나 붉은점모시나비 알은 위쪽 가운데가 움푹한 곰보빵처럼 생겼지만, 호랑나비와 여러 가지 제비나비는 겉이 매끈한 공처럼 생겼고, 노랗거나 하얗다. 온도에 따라 알에서 애벌레가 깨어 나오는 기간이 다르지만, 많은 호랑나비와 제비나비가 열흘 안팎쯤 걸린다.

애벌레 다 자란 모시나비나 붉은점모시나비 애벌레는 털이 수북하고, 까만 몸에 불그스름한 누런색을 띤 가는 옆줄 무늬가 있다. 여러 가지 호랑나비와 제비나비는 어린 애벌레와 다 자란 애벌레 생김새가 사뭇 다르다. 4령까지는 새똥처럼 보이지만 다 자란 애벌레는 털 없이 매끈하고, 띠무늬가 있는 풀색이나 짙은 풀색으로 바뀐다. 애벌레는 소나무과, 운향과, 쥐방울덩굴과, 피나무과, 현호색과, 돌나물과, 마편초과, 방기과, 녹나무과, 콩과, 산형과, 층층나무과, 박주가리과, 쥐꼬리망초과, 꼭두서니과 식물 잎을 갉아 먹는다. 호랑나비 무리 가운데 7종이 운향과 식물을 먹는다. 귤나무나 유자나무, 산초나무 같은 운향과 식물을 찾으면 호랑나비 무리를 제법 쉽게 볼 수 있다.

번데기 번데기가 될 때는 고치 가운데쯤을 식물 줄기에 가느다란 실로 묶어 흔들리지 않게 꼭 붙인다. 이런 번데기를 한자로 '대용(帶蛹)'이라고 한다. 거의 번데기로 겨울을 난다.

어른벌레 어른이 된 암수 나비는 모두 꽃꿀을 빨고, 수컷은 축축한 땅바닥에 모여 물을 빨아 먹기도 한다. 들판부터 높은 산까지 여기저기서 볼 수 있고, 봄부터 가을까지 날아다닌다.

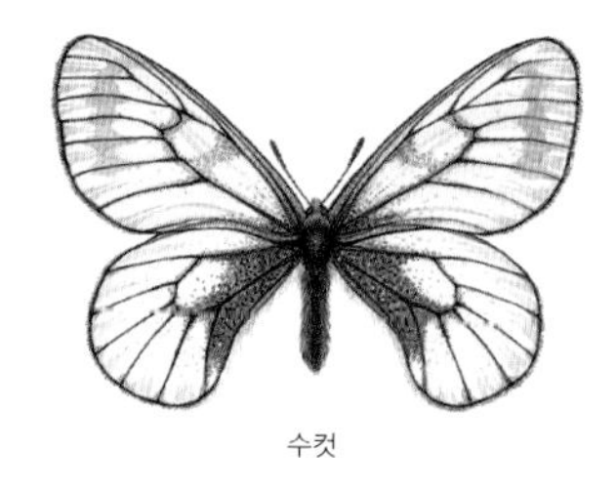
수컷

수컷 옆모습

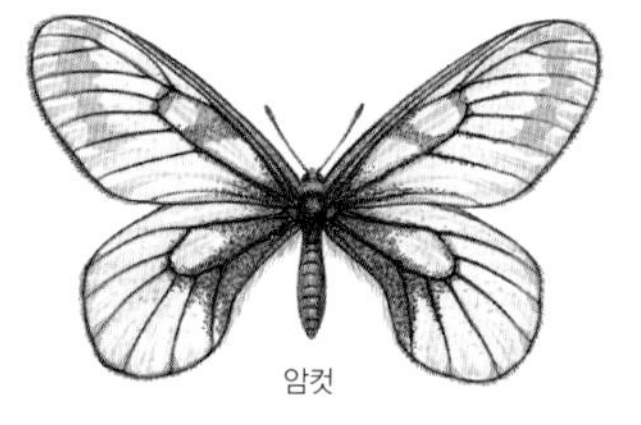
암컷

모시나비아과
날개 편 길이 43~60mm
겨울나기 알

모시나비 모시범나비[북] *Parnassius stubbendorfii*

모시나비는 날개가 하얗고 훤히 비친다. 붉은점모시나비와 닮았지만 크기가 더 작고, 날개에 빨간 점무늬가 없다. 한 해에 한 번 날개돋이 한다. 중부와 남부 지방에서는 5월쯤에 보이고, 높은 산에서는 6월 중순까지 날아다닌다. 북부 지방에서는 6월 중순부터 7월 초까지 볼 수 있다. 예전에는 도시 가까이에서도 많이 볼 수 있었다. 산속 풀밭이나 숲 가장자리에서 무리 지어 천천히 날아다닌다.

모시나비아과
날개 편 길이 봄형 42~54mm, 여름형 52~58mm
겨울나기 번데기
국외반출승인대상생물종

꼬리명주나비 꼬리범나비[북] *Sericinus montela*

뒷날개에 꼬리처럼 생긴 돌기가 길고, 날개 색이 명주 옷감과 닮았다고 '꼬리명주나비'라는 이름이 붙었다. 수컷은 누런 밤색이고, 암컷은 짙은 밤색을 띠어서 서로 다르다. 한 해에 두세 번 날개돋이 한다. 따뜻한 지방에서는 한 해에 너덧 번 나오기도 한다. 남녘에서는 4월부터 9월까지 제주도, 울릉도, 서해 남쪽 바닷가 몇몇 곳을 빼고 어디서나 산다. 하지만 요즘에는 수가 시나브로 줄고 있다.

수컷

수컷 옆모습

암컷

모시나비아과
날개 편 길이 39~49mm
겨울나기 번데기

애호랑나비 애기범나비[북] *Luehdorfia puziloi*

애호랑나비는 호랑나비나 산호랑나비와 닮았지만, 크기가 더 작고 호랑나비나 산호랑나비보다 뒷날개에 있는 꼬리처럼 생긴 돌기가 아주 짧다. 한 해에 한 번 날개돋이 한다. 남녘에서는 이른 봄부터 5월까지 산에서 볼 수 있는데, 암컷은 높은 산에서 6월 초까지 볼 수 있다. 제주도와 울릉도를 뺀 온 나라에서 살지만 요즘에는 사는 곳과 수가 시나브로 줄고 있다.

수컷

수컷 옆모습

암컷

호랑나비아과
날개 편 길이 봄형 56~66mm, 여름형 75~97mm
겨울나기 번데기

호랑나비 범나비[북] *Papilio xuthus*

날개 무늬가 범 무늬와 닮았다고 '호랑나비'라는 이름이 붙었다. 산호랑나비와 닮았지만, 호랑나비는 앞날개 윗면 날개맥 가운데방에서 날개 뿌리 쪽으로 허연 줄무늬가 있다. 한 해에 두세 번 날개돋이 한다. 봄에 한 번 날개돋이 하고, 여름과 가을에 또 날개돋이를 한다. 여름에 나온 나비는 날개 무늬가 더 짙고 몸집도 더 크다. 3월 말부터 11월 초까지 온 나라 산과 숲 가장자리에서 볼 수 있다.

수컷

수컷 옆모습

암컷

호랑나비아과
날개 편 길이 봄형 65~75mm, 여름형 85~95mm
겨울나기 번데기

산호랑나비 노랑범나비[북] *Papilio machaon*

산호랑나비는 호랑나비와 닮았지만, 앞날개 윗면 날개맥 가운데방에 하얀 줄무늬가 없고, 날개가 더 노랗다. 한 해에 두세 번 날개돋이 한다. 4월부터 10월까지 온 나라 산과 숲 가장자리에서 볼 수 있다. 때때로 강가 같은 들판에서도 볼 수 있지만 호랑나비보다는 수가 적다. 봄에는 호랑나비처럼 산등성이나 산꼭대기에서 쉽게 볼 수 있다.

호랑나비아과
날개 편 길이 봄형 85~90mm,
여름형 105~120mm
겨울나기 번데기

제비나비 검은범나비[북] *Papilio bianor*

제비나비는 산제비나비와 닮았다. 제비나비는 앞날개 아랫면 가장자리를 따라 허연 무늬가 폭넓게 있고, 뒷날개 아랫면 가운데 가장자리에 누런 띠무늬가 없다. 한 해에 두세 번 날개돋이 한다. 4월부터 9월까지 온 나라에서 볼 수 있다. 봄에는 산길을 따라 산등성이로 올라오는 제비나비를 쉽게 만날 수 있다. 여름에는 산뿐만 아니라 숲 가장자리나 도시공원 꽃밭에서도 볼 수 있다.

수컷 봄형

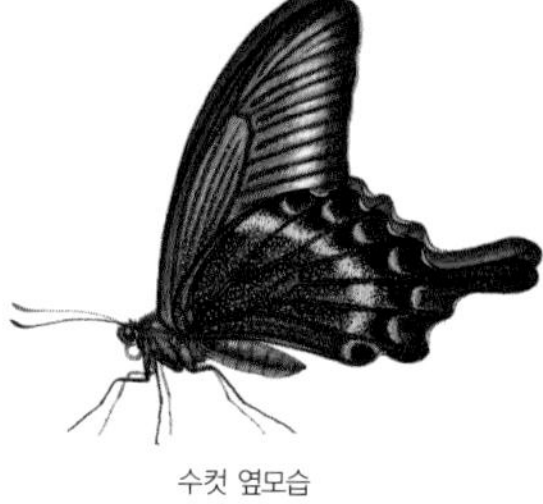
수컷 옆모습

암컷 봄형

호랑나비아과
날개 편 길이 봄형 63~93mm, 여름형 95~118mm
겨울나기 번데기

산제비나비 산검은범나비[북] *Papilio maackii*

산제비나비는 제비나비와 닮았지만, 앞날개 아랫면 가운데 가장자리에 있는 허연 무늬 폭이 좁고, 뒷날개 아랫면 가운데 가장자리에 누런 띠무늬가 있다. 계절과 지역마다 몸 빛깔이 사뭇 다르다. 한 해에 두 번 날개돋이 한다. 4월부터 9월까지 온 나라 산에서 볼 수 있는데, 제비나비보다 높은 산에서 산다. 산길 축축한 곳이나 골짜기에서 무리 지어 앉아 물을 빠는 모습을 자주 볼 수 있다.

호랑나비아과
날개 편 길이 봄형 100~105mm, 여름형 108~118mm
겨울나기 번데기

남방제비나비 먹범나비[북] *Papilio protenor*

긴꼬리제비나비와 닮았지만, 남방제비나비는 뒷날개 폭이 더 넓고, 꼬리처럼 생긴 돌기는 조금 더 짧다. 한 해에 두세 번 날개돋이 한다. 4월부터 10월 초까지 남부 지방에 있는 산과 숲 가장자리에서 볼 수 있다. 여름에는 서해에 있는 신도, 영종도 같은 섬이나 중부와 남부 내륙 지역에서도 가끔 볼 수 있어 멀리까지 잘 나는 것 같다. 요즘에는 봄에 서해에 있는 대청도에서도 볼 수 있다.

호랑나비아과
날개 편 길이 봄형 65~71mm, 여름형 75~90mm
겨울나기 번데기

사향제비나비 사향범나비[북] *Atrophaneura alcinous*

수컷 몸에서 사향 냄새가 난다고 '사향제비나비'라는 이름이 붙었다. 긴꼬리제비나비와 닮았지만, 사향제비나비는 가슴과 배 옆쪽이 빨갛다. 한 해에 두 번 날개돋이 한다. 봄에 나온 나비와 여름에 나온 나비 몸빛이 조금 다르다. 5월부터 9월까지 제주도를 뺀 온 나라 산과 숲 가장자리에서 볼 수 있다.

호랑나비아과
날개 편 길이 57~79mm
겨울나기 번데기

청띠제비나비 파란줄범나비[북] *Graphium sarpedon*

청띠제비나비는 앞날개부터 뒷날개까지 날개 가운데로 파란 띠무늬가 넓게 가로지르고 있다. 한 해에 두세 번 날개돋이 한다. 5월부터 8월에 많이 나타나는데, 제주도에서는 11월 초까지 볼 수 있다. 봄에 나온 나비가 더 작고 파란 띠무늬가 더 넓다. 남부 지방 섬이나 바닷가, 울릉도에도 산다. 하지만 요즘에는 서해 중부에 있는 외연도, 불모도, 가의도, 울도 같은 섬에서도 볼 수 있다.

흰나비과 PIERIDAE

흰나비 무리는 온 세계에 1100종 넘게 사는데, 거의 아프리카와 아시아에 산다. 나비 무리 가운데 크기가 작거나 보통쯤 된다. 몸빛은 하얗거나 누런 바탕에 까만 무늬가 있다. 흰나비 무리는 날개 색이 하얘서 '흰나비'라는 이름이 붙었다. 흰나비 무리는 앞날개 날개맥 7맥이 3개나 4개로 갈라져 있고, 드물게 5개로 갈라진다. 암수 모두 앞다리가 길고 튼튼해서 네발나비 무리와 다르다. 그리고 앞날개 윗면 뒤쪽 가장자리 날개 뿌리 쪽에 있는 날개맥 1a맥이 없고, 앞발 마디 발톱이 두 개로 갈라져서 호랑나비 무리와도 다르다. 우리나라에는 3아과 22종이 알려져 있다. 북녘에서도 '흰나비과'라고 한다.

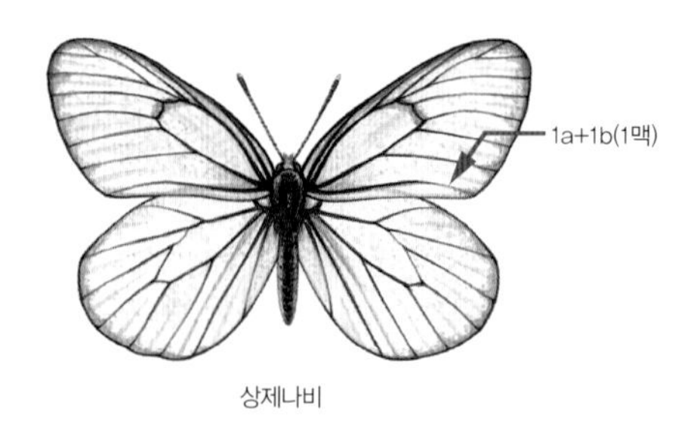

상제나비

알 알은 총알처럼 생겼고, 색깔은 처음에는 하얗거나 노랗다가 누런 밤색이나 밤색으로 바뀔 때가 많다. 두 주쯤 지나면 알에서 애벌레가 나온다.

애벌레 애벌레는 가늘고 긴 원통처럼 생겼다. 거의 풀색을 띠고, 때때로 가로 줄무늬가 있다. 애벌레는 십자화과, 콩과, 장미과, 가래나무과, 갈매나무과, 진달래과 식물 잎을 갉아 먹는다. 흰나비과 무리 가운데 6종이 십자화과나 콩과 식물 잎을 갉아 먹는다.

번데기 번데기는 식물 줄기에 몸 가운데를 실로 묶어 딱 붙어 있다. 거의 모든 번데기는 머리와 배 끝이 가늘고 뾰족해서 옆에서 보면 긴 삼각형처럼 보인다.

어른벌레 각시멧노랑나비, 멧노랑나비, 극남노랑나비, 남방노랑나비는 어른벌레로 겨울을 나고, 나머지는 번데기로 겨울을 난다. 어른벌레 암수 모두 여러 가지 꽃에서 꿀을 빨고, 수컷은 축축한 땅바닥에 잘 앉는다. 들판부터 산속까지 여기저기에서 이른 봄부터 늦가을까지 볼 수 있다.

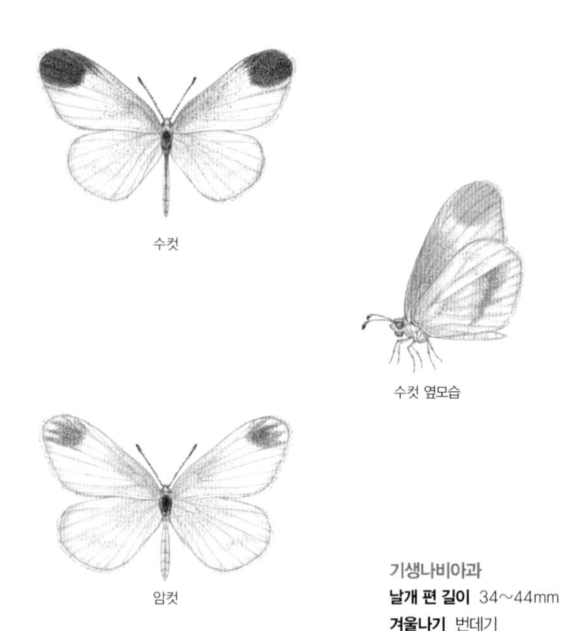

수컷

수컷 옆모습

암컷

기생나비아과
날개 편 길이 34~44mm
겨울나기 번데기

기생나비 애기흰나비[북] *Leptidea amurensis*

북방기생나비와 닮았지만, 기생나비는 앞날개 날개 끝이 조금 더 뾰족하고, 뒷날개 아랫면 가운데쯤에 까만 줄이 하나 있다. 한 해에 두세 번 날개돋이 한다. 4월부터 9월까지 맑은 날 낮은 산속 풀밭이나 햇볕이 잘 드는 숲 가장자리 풀밭, 논밭 둘레에서 무리 지어 천천히 날아다닌다. 지리산 위쪽 중부 내륙 몇몇 곳에서 볼 수 있다. 요즘에는 수가 가파르게 줄고 있다.

수컷 / 수컷 옆모습 / 암컷 옆모습 / 암컷

노랑나비아과
날개 편 길이 38~50mm
겨울나기 번데기

노랑나비 *Colias erate*

노랑나비 수컷은 노랗지만, 암컷은 허옇다. 앞날개 끝이 둥글고, 뒷날개 윗면 가운데에 노란 점이 있어서 다른 노랑나비 무리와 다르다. 한 해에 서너 번 날개돋이 해서 2월 말부터 11월 초까지 날아다닌다. 산과 들 어디서나 쉽게 볼 수 있다. 봄보다는 가을에 숲 가장자리, 논밭 둘레, 시내나 도랑 둘레, 도시공원에서 수백 마리씩 무리 지어 꽃꿀을 빤다. 다른 흰나비와 달리 빠르고 똑바로 난다.

수컷

수컷 옆모습

암컷

암컷 가을형

노랑나비아과
날개 편 길이 32~47mm
겨울나기 어른벌레
국가기후변화생물지표종

남방노랑나비 애기노랑나비[북] *Eurema mandarina*

남방노랑나비는 극남노랑나비와 닮았지만, 앞날개 윗면 바깥쪽 까만 테두리 가운데가 움푹 들어가 있다. 남부 지방에서 많이 볼 수 있는데, 위로 올라오면서 한 해에 서너 번 날개돋이 한다. 여름에는 5월 중순부터 9월, 가을에는 10월부터 11월에 볼 수 있다. 요즘에는 늦여름이나 가을에 경기도 영종도 같은 섬이나 강원도 강릉 바닷가에서도 보인다. 여름과 가을 나비 생김새가 다르다.

수컷 가을형

수컷 가을형 옆모습

암컷 가을형

암컷 여름형 옆모습

노랑나비아과
날개 편 길이 28~40mm
겨울나기 어른벌레

극남노랑나비 남방애기노랑나비[북] *Eurema laeta*

극남노랑나비는 제주도와 남부 바닷가에 산다. 남방노랑나비와 닮았지만, 앞날개 윗면에 있는 까만 테두리 가운데가 움푹 파이지 않는다. 한 해에 서너 번 날개돋이 한다. 어른벌레로 겨울을 나고 봄에 짝짓기를 해서 5월 중순부터 9월까지 나온다. 이 나비들이 짝짓기해서 알을 낳아 10~11월에 또 나온다. 낮은 산속 풀밭이나 햇볕이 드는 숲 가장자리, 논밭 둘레에서 천천히 날아다닌다.

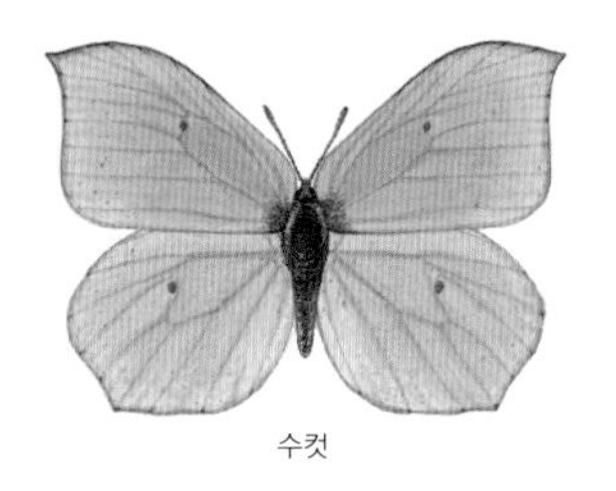
수컷

수컷 옆모습

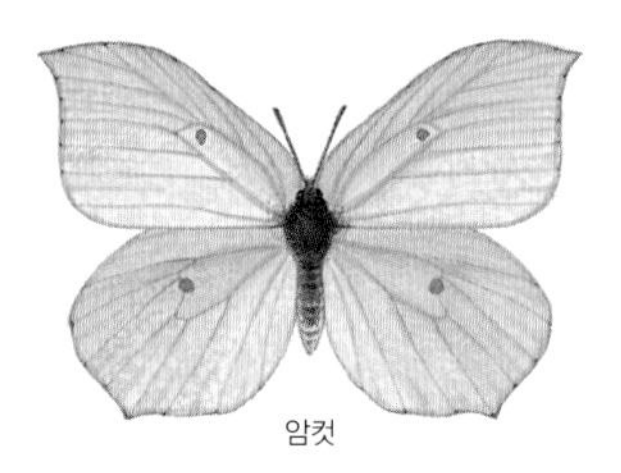
암컷

노랑나비아과
날개 편 길이 56~59mm
겨울나기 어른벌레

각시멧노랑나비 봄갈구리노랑나비[북] *Gonepteryx mahaguru*

각시멧노랑나비는 뒷날개 윗면 가운데에 있는 빨간 점무늬가 멧노랑나비보다 더 작다. 제주도와 남쪽 바닷가를 뺀 산속에서 가끔씩 볼 수 있다. 요즘에는 보이는 곳과 수가 시나브로 줄고 있다. 한 해에 한 번 날개돋이 한다. 6월 중순부터 7월 중순까지 날아다니다가 여름잠을 자러 들어가 숨는다. 그리고 8월 말부터 9월 말까지 다시 나와 날아다니다가 어른벌레로 겨울을 난다.

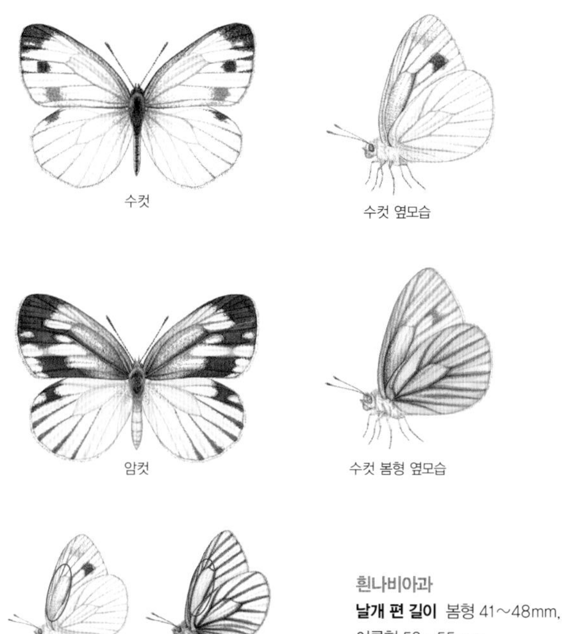

수컷

수컷 옆모습

암컷

수컷 봄형 옆모습

큰줄흰나비와 줄흰나비

흰나비아과

날개 편 길이 봄형 41~48mm, 여름형 52~55mm

겨울나기 번데기

큰줄흰나비 *Pieris melete*

줄흰나비와 아주 닮았지만, 큰줄흰나비는 줄흰나비보다 크고, 앞날개 아랫면 날개맥 가운데방에 작고 까만 점들이 흩어져 있다. 한 해에 두세 번 날개돋이 한다. 4월부터 10월까지 온 나라 어디서나 볼 수 있다. 낮은 산 숲길에서 줄무늬가 있는 흰나비를 보면 거의 큰줄흰나비라 할 만큼 흔하다. 봄에 나오는 나비가 여름에 나오는 나비보다 몸집이 작고, 날개 아랫면 까만 줄무늬가 더 뚜렷하다.

흰나비아과
날개 편 길이 봄형 37~43mm, 여름형 44~46mm
겨울나기 번데기

대만흰나비 작은흰나비[북] *Pieris canidia*

배추흰나비와 아주 닮았지만, 대만흰나비는 뒷날개 윗면 바깥쪽 가장자리에 까만 점무늬가 있다. 한 해에 서너 번 날개돋이 한다. 4월부터 10월까지 낮은 산과 숲 가장자리, 논밭 둘레에서 가끔 볼 수 있다. 온 나라에서 살지만 제주도에서는 아직 안 보인다. 느릿느릿 나는데 가끔 날개를 쫙 펴고 미끄러지듯이 난다.

흰나비아과
날개 편 길이 39~52mm
겨울나기 번데기

배추흰나비 흰나비[북] *Pieris rapae*

애벌레가 배춧잎을 잘 갉아 먹어서 '배추흰나비'다. 대만흰나비와 닮았지만, 뒷날개 윗면 바깥쪽 가장자리에 까만 점무늬가 없다. 우리나라에서 가장 흔한 나비다. 한 해에 너덧 번 날개돋이 한다. 3월 중순부터 11월까지 온 나라 들판과 논밭 둘레, 낮은 산 숲 가장자리에서 쉽게 볼 수 있다. 나비마다 무늬가 다르고, 봄에 나온 나비와 여름에 나온 나비 무늬도 다르다.

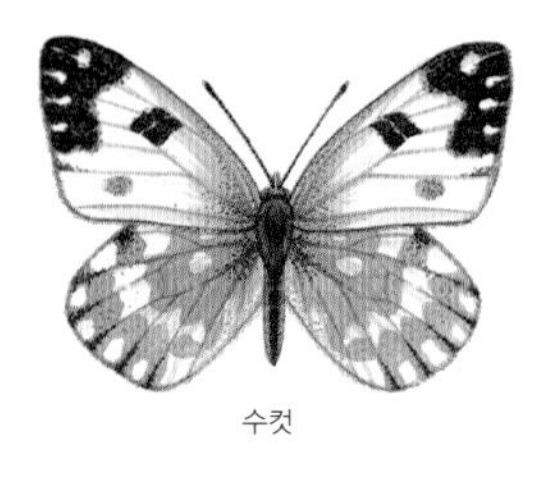
수컷

수컷 옆모습

암컷

흰나비아과
날개 편 길이 37~42mm
겨울나기 번데기

풀흰나비 알락흰나비[북] *Pontia edusa*

풀흰나비는 날개 아랫면에 누르스름한 풀색 무늬가 있어서 한눈에 알아볼 수 있다. 한 해에 두 번 날개돋이 한다. 4월부터 10월까지 남해 바닷가를 빼고 온 나라 몇몇 곳에서 날아다닌다. 강과 호수, 늪 둘레 풀밭에서 볼 수 있는데, 다른 흰나비보다는 드물다. 한강이나 낙동강에서는 5월 중순에 제법 보인다. 하지만 해마다 차이가 많이 나서 어떤 때는 한 마리도 안 보인다.

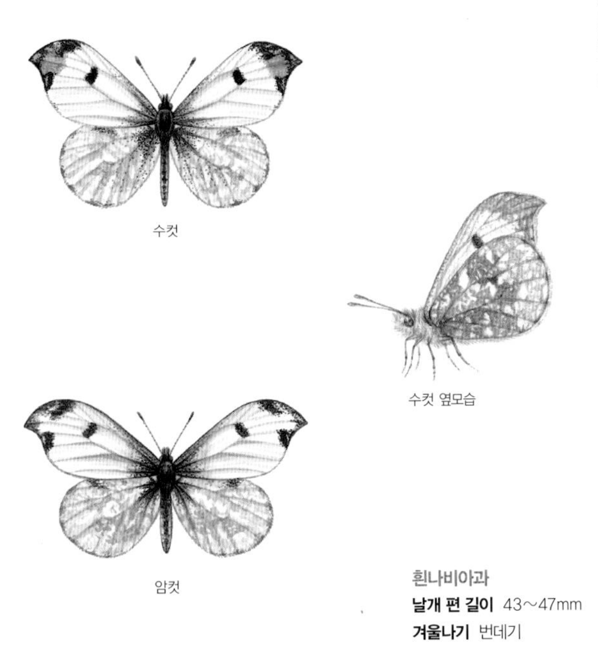
수컷

수컷 옆모습

암컷

흰나비아과
날개 편 길이 43~47mm
겨울나기 번데기

갈구리나비 갈구리흰나비[북] *Anthocharis scolymus*

갈구리나비는 앞날개 끝이 갈고리처럼 휘어졌다. 뒷날개 아랫면이 어두운 풀빛을 띠고, 무늬가 그물처럼 이리저리 얽혀 있어서 다른 흰나비와 다르다. 한 해에 한 번 날개돋이 한다. 4월부터 5월까지 봄에만 잠깐 볼 수 있다. 몸집이 작고 앙증맞다. 온 나라 낮은 산이나 논밭 둘레, 도랑이나 시내 둘레 풀밭에서 흔하게 볼 수 있다.

부전나비과 LYCAENIDAE

부전나비 무리는 온 세계에 널리 퍼져 산다. 나비 무리 가운데 크기가 작은 편이고, 모두 7000종쯤 된다. '부전'은 옛날 여자아이들이 차던 작고 귀여운 노리개를 말하는데, 나비 생김새가 이 부전과 닮았다고 '부전나비'라는 이름이 붙었다. 날개 편 길이가 30mm 안팎으로 크기가 작고, 겹눈 둘레가 밝은색 비늘가루로 둘러져 있다. 그리고 아랫입술 수염이 위쪽으로 휘어져 튀어나와서 팔랑나비 무리나 흰나비 무리와 다르다. 날개 색은 여러 가지인데, 거의 쇠붙이처럼 빛나는 푸른빛을 띤 남색이거나 풀색, 누런색, 밤색을 띤다. 같은 나비이지만 수컷과 암컷 날개 색이나 무늬가 아주 다른 종들이 많다. 우리나라에는 5아과 79종이 알려져 있고, 북녘에서는 '숫돌나비과'라고 한다.

뾰족부전나비

알 알은 거의 위쪽 가운데가 움푹 들어간 찐빵처럼 생겼다. 가까이 들여다보면 겉에 작은 돌기들이 빽빽이 돋아 있다. 알이나 번데기로 겨울을 난다.

애벌레 애벌레는 거의 길쭉한 원통꼴인데 배는 넓적하고 등은 볼록하게 부풀어 올랐다. 참나무과, 장미과, 콩과, 물푸레나무과, 갈매나무과, 진달래과, 버드나무과, 가래나무과, 인동과, 마디풀과, 돌나물과, 느릅나무과, 자작나무과, 쐐기풀과, 쇠비름과, 범의귀과, 괭이밥과, 고추나무과, 층층나무과, 노린재나무과, 꿀풀과, 질경이과, 국화과 잎처럼 여러 가지 식물 잎을 먹지만, 소철꼬리부전나비만 바늘잎나무인 소철 잎을 갉아 먹는다. 몇몇 종들은 개미와 더불어 살기도 한다. 부전나비 무리 가운데 20종이 참나무과 잎을 갉아 먹어서 부전나비를 많이 보려면 참나무 숲을 찾아가면 좋다.

번데기 거의 모든 번데기가 위에서 보면 허리가 잘록하고, 옆에서 보면 배가 불룩하다.

어른벌레 어른벌레는 대부분 낮에 나무 높은 곳에서 기운차게 날아다니는데, 검정녹색부전나비 같은 몇몇 종은 흐린 날이나 늦은 오후에도 기운차게 날아다닌다. 거의 모든 어른벌레는 꽃꿀을 빨고, 수컷은 축축한 땅바닥에 모여 물을 빨아 먹기도 한다. 들판부터 높은 산까지 여러 곳에서 볼 수 있고, 이른 봄부터 늦가을까지 날아다닌다.

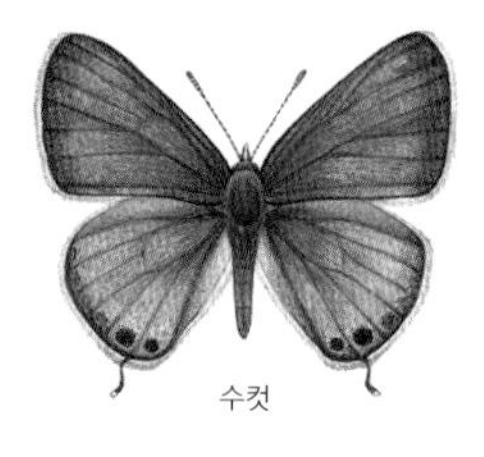
수컷

수컷 옆모습

암컷

부전나비아과
날개 편 길이 26~32mm
겨울나기 어른벌레

물결부전나비 물결숫돌나비북 *Lampides boeticus*

날개 아랫면에 물결무늬가 있어서 '물결부전나비'라는 이름이 붙었다. 남색물결부전나비와 닮았지만, 물결부전나비는 뒷날개 윗면 가운데 가장자리에 길고 하얀 무늬가 있다. 한 해에 여러 번 날개돋이 한다. 7월부터 11월까지 제주도와 남해 섬, 몇몇 바닷가에서 볼 수 있다. 가을에는 경기도 섬이나 서울 같은 중부 지방에서도 가끔 보인다. 요즘에는 중부 내륙 지방까지 사는 곳이 넓어지고 있다.

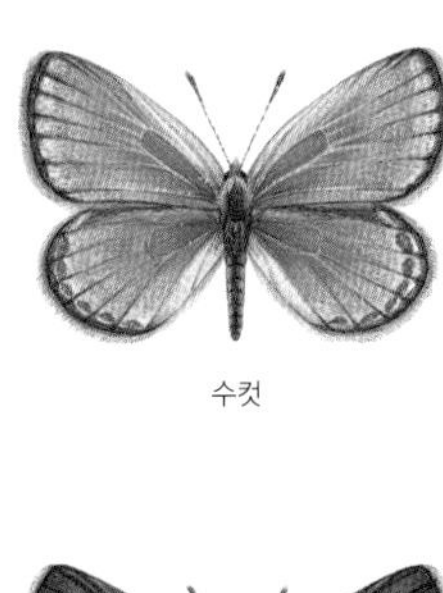
수컷

수컷 옆모습

암컷

남방부전나비와 극남부전나비

부전나비아과
날개 편 길이 17~28mm
겨울나기 애벌레

남방부전나비 남방숫돌나비[북] *Pseudozizeeria maha*

극남부전나비와 닮았지만, 남방부전나비는 뒷날개 아랫면 가운데 가장자리 날개맥 6실에 있는 까만 점무늬가 바깥쪽으로 치우쳐 있다. 남부 지방에서 북쪽으로 올라오면서 한 해에 서너 번 날개돋이 한다. 4월부터 11월까지 볼 수 있다. 중부 지방에서는 봄보다 늦여름부터 늦가을까지 많이 보인다. 산속 풀밭부터 도시공원 풀밭까지 어디에서나 쉽게 볼 수 있다.

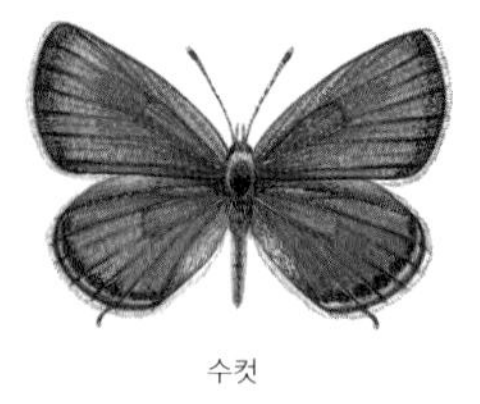
수컷

수컷 옆모습

암컷

부전나비아과
날개 편 길이 17~28mm
겨울나기 애벌레

암먹부전나비 제비숫돌나비[북] *Cupido argiades*

암먹부전나비는 암컷 날개가 먹물처럼 꺼멓다. 먹부전나비와 닮았지만, 암먹부전나비는 날개 아랫면 점들이 작고, 앞날개 아랫면 날개맥 2실에 있는 점무늬가 안쪽으로 들어가 있지 않다. 한 해에 서너 번 날개돋이 한다. 3월 말부터 10월까지 숲 가장자리와 논밭 둘레, 공원 둘레, 낮은 산 어디에서나 쉽게 볼 수 있다.

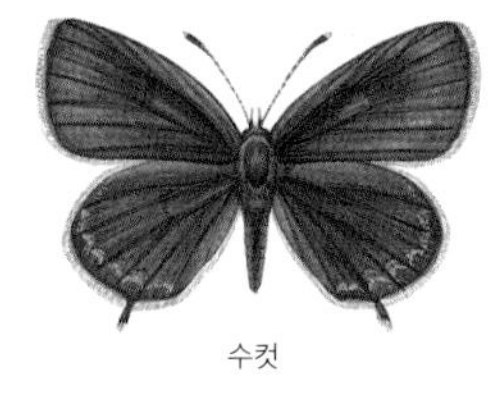
수컷

수컷 옆모습

암컷

부전나비아과
날개 편 길이 22~25mm
겨울나기 애벌레

먹부전나비 검은제비숫돌나비[북] *Tongeia fischeri*

암컷과 수컷 모두 날개 색이 먹물처럼 까맣다고 '먹부전나비'다. 암먹부전나비와 닮았지만, 먹부전나비는 날개 아랫면 가운데 가장자리에 줄지어 있는 까만 점들이 더 크고, 앞날개 아랫면 날개맥 2실에 있는 점무늬가 안쪽으로 들어가 있다. 한 해에 서너 번 날개돋이 한다. 4월부터 10월까지 온 나라 숲 가장자리와 논밭 둘레, 공원, 낮은 산에서 사는데 암먹부전나비보다는 드물다.

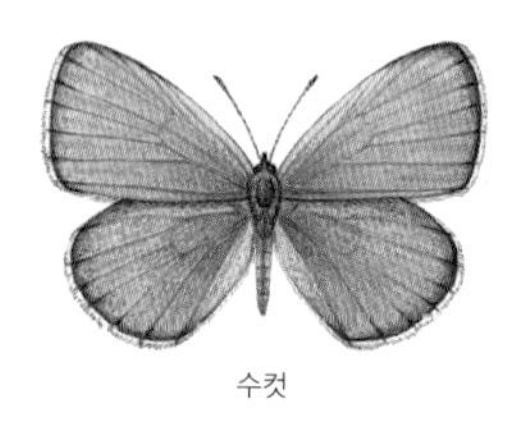
수컷

수컷 옆모습

암컷

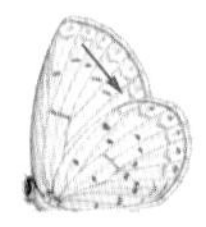
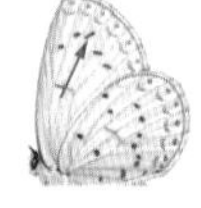
푸른부전나비와 산푸른부전나비

부전나비아과
날개 편 길이 26~32mm
겨울나기 번데기

푸른부전나비 물빛숫돌나비[북] *Celastrina argiolus*

산푸른부전나비와 닮았지만, 푸른부전나비는 날개 아랫면이 밝은 잿빛을 띠고, 앞날개 아랫면 가운데 가장자리에 있는 짧고 까만 점무늬가 아래로 가지런하게 줄지어 있다. 한 해에 여러 번 날개돋이 한다. 3월 말부터 10월에 온 나라 숲 가장자리와 논밭 둘레, 공원 둘레, 낮은 산에서 쉽게 볼 수 있다.

수컷

수컷 옆모습

암컷

부전나비아과
날개 편 길이 22~25mm
겨울나기 번데기

작은홍띠점박이푸른부전나비 *Scolitantides orion*

큰홍띠점박이푸른부전나비와 닮았는데 몸집이 더 작다. 뒷날개 아랫면 가운데 가장자리에 주홍색 띠무늬가 있고 까만 점들이 많다. 날개 윗면은 짙은 파란색이나 까만 밤색을 띤다. 한 해에 두세 번 날개돋이 한다. 남녘에서는 4월 중순부터 9월까지 산속 햇볕이 잘 드는 골짜기나 풀밭에서 볼 수 있다. 제주도와 남부 바닷가를 뺀 온 나라에 살지만, 수가 적어서 드물다. 북녘에서는 '작은붉은띠숫돌나비'라고 한다.

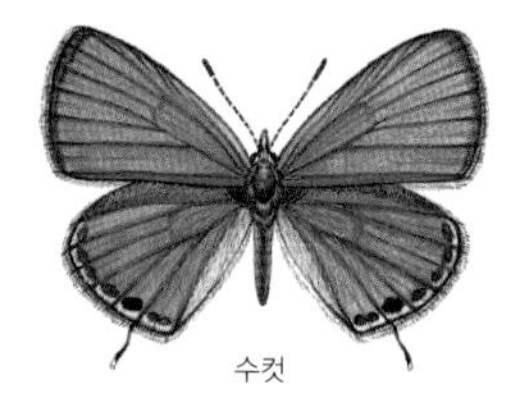
수컷

수컷 옆모습

암컷

부전나비아과
날개 편 길이 24~32mm
겨울나기 못 남
길 잃은 나비

소철꼬리부전나비 *Chilades pandava*

소철꼬리부전나비는 날개 윗면이 옅은 파란색을 띠고, 뒷날개 아랫면 날개 뿌리에 까만 점이 네 개 뚜렷하게 나 있어서 다른 부전나비와 다르다. 바람을 타고 남쪽에서 날아오는 '길 잃은 나비'다. 7월 말에는 가끔 보이다가 8월부터 11월까지 제주도 곳곳에서 보인다. 애벌레가 소철 잎을 갉아 먹는다.

수컷

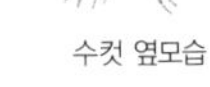

수컷 옆모습

암컷

부전나비와 산부전나비

부전나비아과
날개 편 길이 26~32mm
겨울나기 알

부전나비 물빛점무늬숫돌나비[북] *Plebejus argyrognomon*

산부전나비와 닮았지만, 부전나비는 뒷날개 아랫면 날개맥 1b실부터 4실까지 가장자리에 파란 비늘가루가 있다. 또 아랫면 까만 점무늬가 더 작다. 한 해에 여러 번 날개돋이 한다. 5월 말부터 10월까지 햇볕이 잘 드는 논밭이나 둑, 도랑이나 시냇가 둘레에서 볼 수 있다. 제주도를 뺀 온 나라에서 볼 수 있다.

수컷

수컷 옆모습

암컷

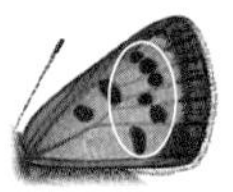
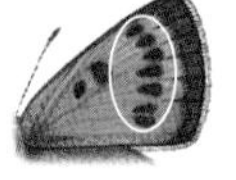
작은주홍부전나비와 큰주홍부전나비

주홍부전나비아과
날개 편 길이 26~34mm
겨울나기 애벌레

작은주홍부전나비 붉은숫돌나비[북] *Lycaena phlaeas*

크기가 작고 몸빛이 주홍빛을 띤다고 '작은주홍부전나비'라는 이름이 붙었다. 큰주홍부전나비 암컷과 닮았지만, 작은주홍부전나비는 앞날개 윗면 가운데 가장자리에 있는 까만 점들이 가지런하지 않고 들쑥날쑥하다. 한 해에 여러 번 날개돋이 한다. 4월부터 11월까지 물가, 논밭 둘레, 숲 가장자리, 낮은 산 풀밭 어디에서나 쉽게 볼 수 있다.

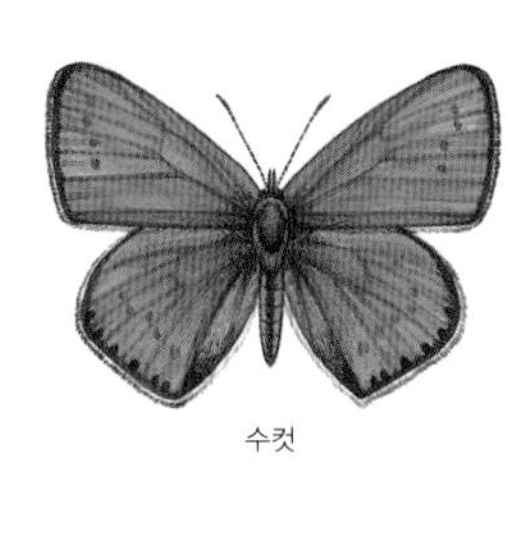

수컷

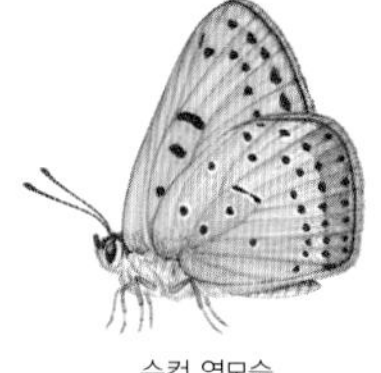

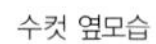

수컷 옆모습

암컷 옆모습

암컷

주홍부전나비아과
날개 편 길이 26~41mm
겨울나기 애벌레
국외반출승인대상생물종

큰주홍부전나비 큰붉은숫돌나비[북] *Lycaena dispar*

큰주홍부전나비는 작은주홍부전나비와 닮았지만, 수컷은 날개 윗면 바깥쪽 테두리만 까맣고 온 날개가 아무 무늬 없는 주황색이다. 암컷은 앞날개 윗면 가운데 가장자리에 까만 점들이 가지런히 줄지어 있다. 한 해에 여러 번 날개돋이 한다. 5월부터 10월까지 온 나라 물가나 논밭 둘레, 숲 가장자리, 낮은 산속 풀밭에서 가끔 볼 수 있다.

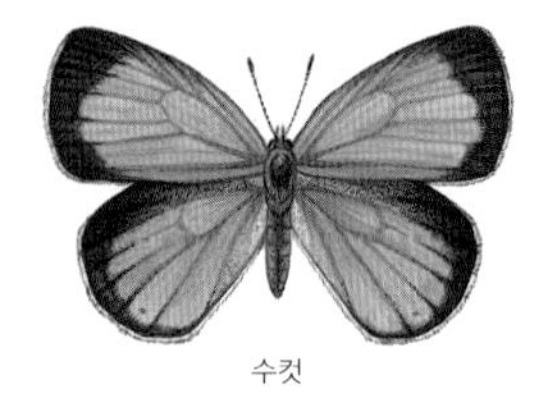

수컷

수컷 옆모습

암컷

녹색부전나비아과
날개 편 길이 33~35mm
겨울나기 알

붉은띠귤빛부전나비 참귤빛숫돌나비[북] *Coreana raphaelis*

붉은띠귤빛부전나비는 몸이 귤빛을 띠고, 뒷날개 아랫면 가운데 가장자리에 빨간 띠무늬가 있다. 꼬리처럼 생긴 돌기가 없어서 다른 귤빛부전나비와 다르다. 한 해에 한 번 날개돋이 한다. 6월 중순부터 7월까지 골짜기나 시골 마을 둘레 수풀에서 드물게 볼 수 있다. 지리산과 중부와 북부 지방 몇몇 곳에서 산다. 경기도 양평군에 제법 많이 살지만 그래도 수가 적어서 흔히 볼 수는 없다.

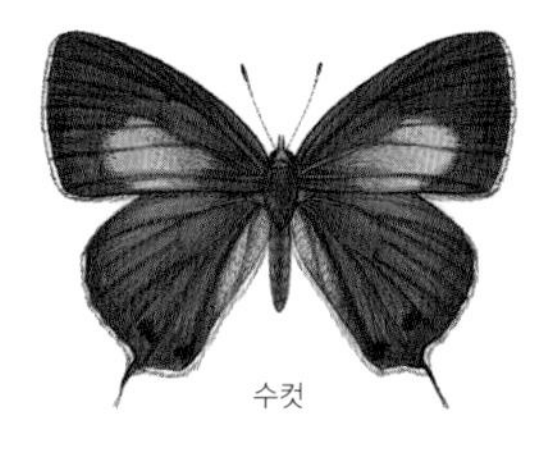
수컷

수컷 옆모습

암컷

녹색부전나비아과
날개 편 길이 35~40mm
겨울나기 알

금강산귤빛부전나비 *Ussuriana michaelis*

금강산귤빛부전나비는 꼬리처럼 생긴 돌기가 뒷날개 모서리에 있고, 앞날개 아랫면 날개맥 가운데방 가장자리에 아무 무늬가 없어서 다른 귤빛부전나비와 다르다. 한 해에 한 번 날개돋이 한다. 6월 중순부터 8월 중순까지 산속 수풀 둘레나 골짜기 둘레에서 드물게 볼 수 있다. 지리산보다 북쪽 지역 몇몇 산에서 산다. 북녘에서는 '금강산귤빛숫돌나비'라고 한다.

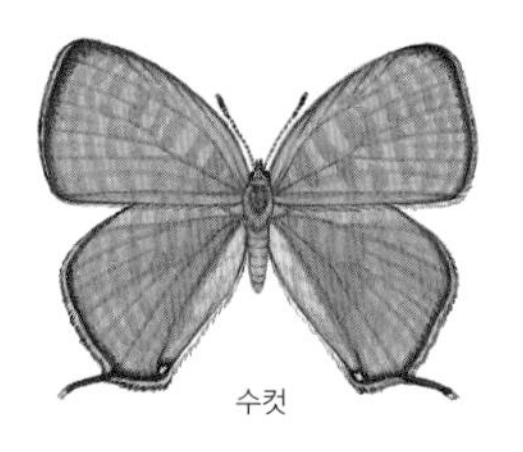
수컷

수컷 옆모습

암컷

녹색부전나비아과
날개 편 길이 35~38mm
겨울나기 알

시가도귤빛부전나비 물결귤빛숫돌나비[북] *Japonica saepestriata*

시가도귤빛부전나비는 날개 아랫면에 까만 밤색 무늬가 마치 도시에 있는 도로처럼 어지럽게 나 있어서 다른 귤빛부전나비와 다르다. 한 해에 한 번 날개돋이 한다. 6월부터 8월 초에 산속 숲 가장자리나 수풀에서 드물게 볼 수 있다. 남녘에서는 중부 지역 산이나 몇몇 섬에 산다. 흐린 날이나 오후 늦게 기운차게 날아다닌다.

수컷

수컷 옆모습

암컷

녹색부전나비아과
날개 편 길이 36~39mm
겨울나기 알

귤빛부전나비 귤빛숫돌나비[북] *Japonica lutea*

귤빛부전나비는 날개 아랫면 가운데에 가는 흰색 줄 사이로 누런 밤색 띠무늬가 있고, 뒷날개 아랫면 바깥쪽 가장자리로 까만 점들이 있어서 다른 귤빛부전나비와 다르다. 귤빛부전나비 무리 가운데 수가 가장 많다. 한 해에 한 번 날개돋이 한다. 5월 말부터 8월까지 숲 가장자리에서 다른 귤빛부전나비보다 쉽게 볼 수 있다.

수컷

수컷 옆모습

암컷

녹색부전나비아과
날개 편 길이 23~31mm
겨울나기 알

물빛긴꼬리부전나비 물빛긴꼬리숫돌나비[북] *Antigius attilia*

담색긴꼬리부전나비와 닮았지만, 물빛긴꼬리부전나비는 뒷날개 아랫면 가운데에 난 짙은 줄무늬가 더 길다. 한 해에 한 번 날개돋이 한다. 6월부터 8월에 참나무가 많이 자라는 낮은 산에서 날아다니는데, 수가 적고 몇몇 곳에서만 살아서 보기 힘들다. 숲속 햇볕이 드는 나뭇잎에 앉아 있기를 좋아하고 숲 가장자리 둘레를 천천히 날아다닌다. 오전보다는 오후에 더 잘 날아다닌다.

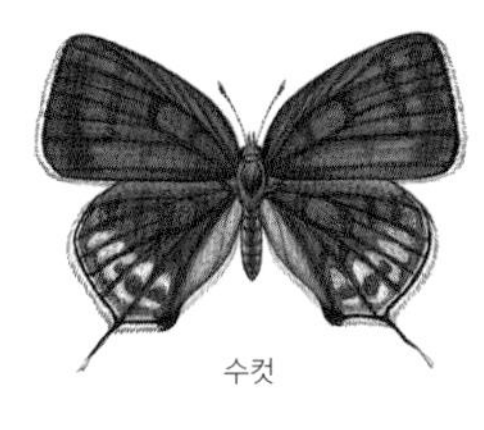
수컷

수컷 옆모습

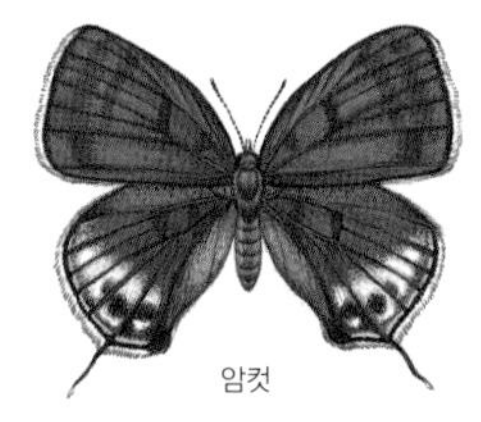
암컷

녹색부전나비아과
날개 편 길이 26~28mm
겨울나기 알

담색긴꼬리부전나비 연한색긴꼬리숫돌나비[북] *Antigius butleri*

물빛긴꼬리부전나비와 닮았지만, 담색긴꼬리부전나비는 뒷날개 아랫면 날개 뿌리 쪽에 까만 점들이 있고, 돌기가 있는 날개 뒤쪽 모서리에 주황색 무늬가 뚜렷하다. 한 해에 한 번 날개돋이 한다. 6월부터 8월에 참나무가 많은 낮은 산에서 드물게 볼 수 있다. 숲속 햇볕이 드는 나뭇잎에 앉아 있기를 좋아하고 숲 가장자리 둘레를 천천히 날아다닌다. 오전보다는 오후에 더 기운차게 날아다닌다.

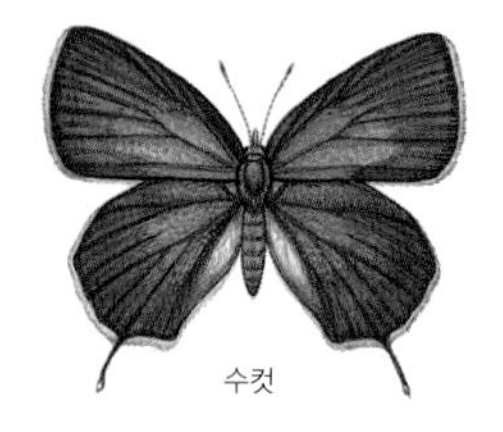
수컷

수컷 옆모습

암컷

녹색부전나비아과
날개 편 길이 25~31mm
겨울나기 알

참나무부전나비 참나무꼬리숫돌나비[북] *Wagimo signata*

애벌레가 참나무 잎을 갉아 먹어서 '참나무부전나비'다. 날개 윗면은 날개 뿌리부터 가운데까지 파르스름한 빛깔을 띠고, 아랫면에는 가늘고 하얀 선이 많이 나 있어서 다른 부전나비와 다르다. 한 해에 한 번 날개돋이 한다. 6월 중순부터 7월까지 참나무가 많이 자라는 낮은 산에서 드물게 볼 수 있다. 오전보다는 오후에 더 많이 날아다니고 밤꽃에 가끔 찾아온다.

수컷

수컷 옆모습

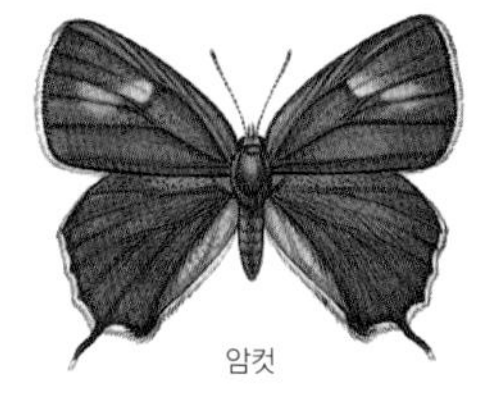
암컷

녹색부전나비아과
날개 편 길이 32~36mm
겨울나기 알

은날개녹색부전나비 은무늬푸른숫돌나비[북] *Favonius saphirinus*

은날개녹색부전나비는 날개 아랫면이 은빛을 띠고, 뒷날개 아랫면 모서리에 있는 빨간 점 두 개가 작고 서로 떨어져 있어서 다른 녹색부전나비와 다르다. 한 해에 한 번 날개돋이 한다. 6월 중순부터 8월까지 중부 지방 참나무 숲에서 날아다닌다. 서해 바닷가 쪽에 많이 살고, 강원도에서는 삼척 같은 몇몇 곳에서만 볼 수 있다. 오후 늦게 산길이나 숲 가장자리에서 기운차게 날아다닌다.

수컷 수컷 옆모습

암컷 암컷 옆모습

녹색부전나비아과
날개 편 길이 33~36mm
겨울나기 알

넓은띠녹색부전나비 넓은띠푸른숫돌나비[북] *Favonius cognatus*

녹색부전나비 무리 가운데 뒷날개 아랫면 가운데 가장자리에 있는 하얀 띠가 가장 넓어서 '넓은띠녹색부전나비'라는 이름이 붙었다. 한 해에 한 번 날개돋이 한다. 6월 초부터 7월까지 중부 지방 참나무 숲에서 많이 보이는데 요즘에는 수가 많이 줄고 있다. 오후 늦게 산길이나 산등성이에 자란 나무 가운데쯤에서 텃세를 부리며 힘차게 날아다닌다.

수컷

수컷 옆모습

암컷

녹색부전나비아과
날개 편 길이 31~37mm
겨울나기 알

산녹색부전나비 참푸른숫돌나비[북] *Favonius taxila*

넓은띠녹색부전나비와 닮았지만, 산녹색부전나비는 뒷날개 아랫면 가운데 가장자리에 난 하얀 띠가 좁고, 아랫면이 더 허옇다. 한 해에 한 번 날개돋이 한다. 6월 중순부터 8월에 산에서 많이 볼 수 있다. 남녘에서는 서남부 바닷가를 빼고 온 나라 참나무 숲에서 사는데, 요즘에는 수가 많아져서 더 흔하다. 수컷은 오전에 참나무 숲 꼭대기에서 텃세를 부리며 힘차게 날아다닌다.

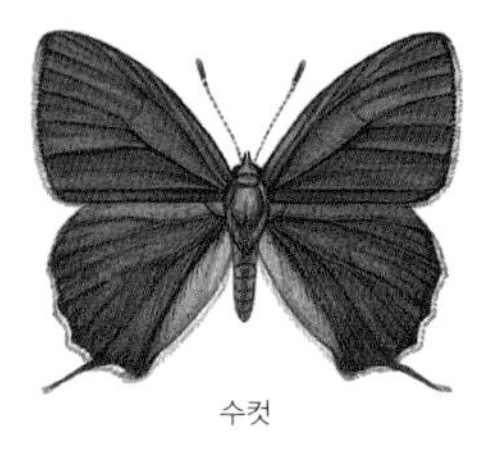
수컷

수컷 옆모습

암컷

녹색부전나비아과
날개 편 길이 32~37mm
겨울나기 알
국외반출승인대상생물종

검정녹색부전나비 검은푸른숫돌나비[북] *Favonius yuasai*

다른 녹색부전나비 무리와 달리 수컷과 암컷 모두 날개 윗면이 거무스름한 밤색을 띠어서 '검정녹색부전나비'라는 이름이 붙었다. 한 해에 한 번 날개돋이 한다. 6월 중순부터 8월까지 볼 수 있다. 중부 내륙과 경기도 굴업도, 강화도 같은 몇몇 섬과 충청남도 진락산, 전라남도 함평 같은 몇몇 곳에서만 산다. 오후 늦게 힘차게 날아다니고, 암컷은 불빛에 잘 모인다.

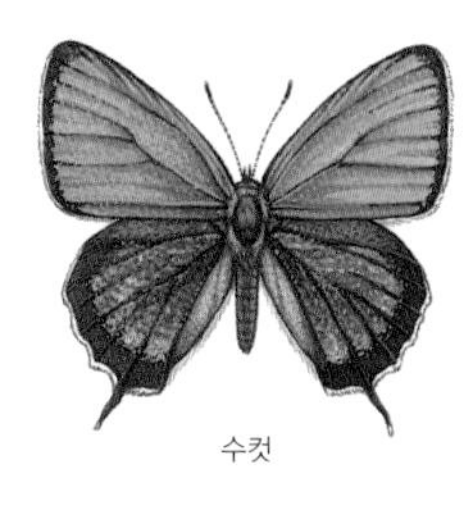
수컷

수컷 옆모습

암컷

녹색부전나비아과
날개 편 길이 33~39mm
겨울나기 알

북방녹색부전나비 *Chrysozephyrus brillantinus*

작은녹색부전나비와 닮았지만, 북방녹색부전나비는 뒷날개 아랫면 가운데 가장자리에 있는 하얀 띠가 한 줄이고, 앞날개 아랫면 가운데 가장자리 뒤쪽에 있는 까만 무늬가 흐릿하다. 한 해에 한 번 날개돋이 한다. 6월 말부터 8월까지 날아다니고 암컷은 9월까지 볼 수 있다. 남녘에서는 강원도 산속 참나무 숲에서 폭넓게 산다. 수컷은 아침 일찍부터 나무 위나 숲 가장자리에서 힘차게 날아다닌다.

수컷 봄형

수컷 봄형 옆모습

암컷

울릉범부전나비 수컷 봄형 옆모습

녹색부전나비아과
날개 편 길이 26~33mm
겨울나기 번데기

범부전나비 범숫돌나비[북] *Rapala caerulea*

울릉범부전나비와 닮았지만, 범부전나비는 뒷날개 아랫면 모서리에 까만 점무늬가 두 개 있다. 또 앞날개 아랫면 가운데에 있는 짙은 밤색 띠무늬가 울릉범부전나비보다 좁고 곧다. 한 해에 두 번, 봄과 여름에 날개돋이 한다. 4월부터 9월까지 온 나라에서 쉽게 볼 수 있다. 해가 뜨면 이리저리 날아다닌다.

수컷

수컷 옆모습

암컷

녹색부전나비아과

날개 편 길이 32~35mm

겨울나기 알

벚나무까마귀부전나비 큰사과먹숫돌나비[북] *Satyrium pruni*

벚나무 숲에서 많이 보인다고 '벚나무까마귀부전나비'다. 뒷날개 아랫면 바깥쪽 가장자리에 있는 주황색 띠무늬 둘레로 동그랗고 까만 점들이 줄지어 있어서 다른 까마귀부전나비와 다르다. 한 해에 한 번 날개돋이 한다. 우리나라 중부와 북부 지방 몇몇 곳에만 살고 수가 적어서 보기 힘들다. 남녘에서는 5월부터 7월 초까지 들이나 낮은 산, 마을 둘레에 있는 벚나무 숲에서 볼 수 있다.

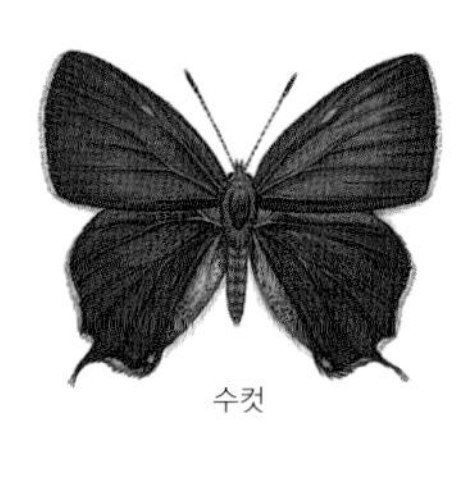
수컷

수컷 옆모습

암컷

까마귀부전나비와 참까마귀부전나비

녹색부전나비아과
날개 편 길이 30~31mm
겨울나기 알

까마귀부전나비 먹숫돌나비[북] *Satyrium w-album*

날개 빛깔이 까마귀 색을 닮았다고 '까마귀부전나비'라는 이름이 붙었다. 참까마귀부전나비와 닮았지만, 까마귀부전나비는 뒷날개 아랫면 날개맥 1a실에 하얀 선이 한 줄만 있다. 한 해에 한 번 날개돋이 한다. 남녘에서는 5월부터 7월까지 강원도 몇몇 곳 산속 수풀에서 드물게 볼 수 있다. 개망초나 큰까치수염 꽃에 잘 모인다.

수컷

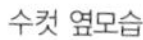

수컷 옆모습

암컷

녹색부전나비아과
날개 편 길이 25~30mm
겨울나기 알

꼬마까마귀부전나비 사과먹숫돌나비[북] *Satyrium prunoides*

까마귀부전나비와 닮았지만, 꼬마까마귀부전나비는 크기가 더 작고, 뒷날개에 있는 하얀 선이 날개맥 1b실에서 부드럽게 살짝 구부러진다. 한 해에 한 번 날개돋이 한다. 남녘에서는 5월부터 7월까지 산속 수풀이나 숲 가장자리에서 볼 수 있다. 강원도를 중심으로 몇몇 곳에서 사는데, 6월 말부터 7월 초에 곳에 따라 많이 볼 수 있다. 수컷은 오후에 나무 위에서 텃세를 부리며 기운차게 날아다닌다.

수컷

수컷 옆모습

암컷

녹색부전나비아과
날개 편 길이 25~27mm
겨울나기 번데기

쇳빛부전나비 쇳빛숫돌나비[북] *Ahlbergia ferrea*

날개 윗면 바탕색이 쇠붙이처럼 반짝인다고 '쇳빛부전나비'다. 북방쇳빛부전나비와 닮았지만, 쇳빛부전나비는 뒷날개 바깥쪽 가장자리가 북방쇳빛부전나비보다 덜 튀어나와서 완만하고, 뒷날개 뒤쪽 모서리에 있는 돌기가 더 작다. 한 해에 한 번 날개돋이 한다. 4월부터 5월까지 산속 수풀이나 숲 가장자리에서 볼 수 있다. 제주도를 뺀 온 나라 어디에서나 산다. 때에 따라 한곳에서 많이 볼 수 있다.

수컷

수컷 옆모습

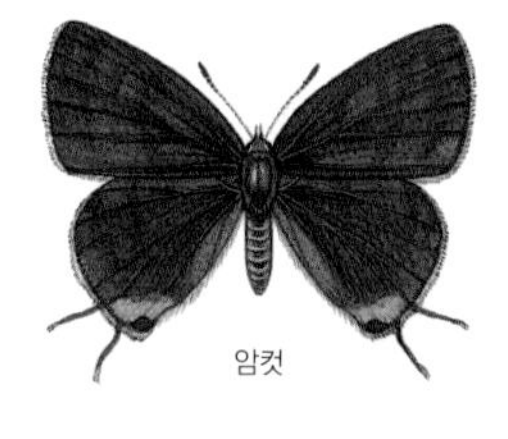
암컷

녹색부전나비아과
날개 편 길이 32~33mm
겨울나기 애벌레
멸종위기야생동물 Ⅱ급

쌍꼬리부전나비 쌍꼬리숫돌나비[북] *Cigaritis takanonis*

뒷날개에 꼬리처럼 생긴 돌기가 두 개여서 '쌍꼬리부전나비'다. 우리나라에 사는 나비 가운데 이 나비만 돌기가 두 개다. 한 해에 한 번 날개돋이 한다. 6월부터 8월 초까지 내륙 몇몇 곳 낮은 산속 소나무 숲 둘레에서 드물게 볼 수 있다. 남녘에서는 1990년대에 들어 아예 사라진 곳이 많아 멸종위기야생동물 II급으로 정해서 보호하고 있다. 낮에는 꼼짝 않고 있다가 늦은 오후에 많이 나온다.

네발나비과 NYMPHALIDAE

네발나비는 앞다리 한 쌍이 작게 줄어들어서 몸에 붙어 있다. 그래서 다리가 네 개만 있는 것처럼 보인다고 이런 이름이 붙었다. 네발나비 무리는 온 세계에 널리 퍼져 살고 6000종쯤이 알려졌다. 어느 지역에서나 여러 가지 네발나비들이 살기 때문에 지구 생태계를 연구하는 데 아주 중요한 나비 무리다.

네발나비 무리는 날개 윗면 무늬가 알록달록하고 아름다운데, 아랫면은 어두운 색을 띤다. 앞다리 한 쌍이 작아서 쓸모가 없고, 더듬이 뒷면에 줄이 난 것처럼 홈이 파여 있어서 다른 나비 무리와 다르다. 우리나라에는 9아과 126종이 알려졌고, 북녘에서는 '메나비과'라고 한다.

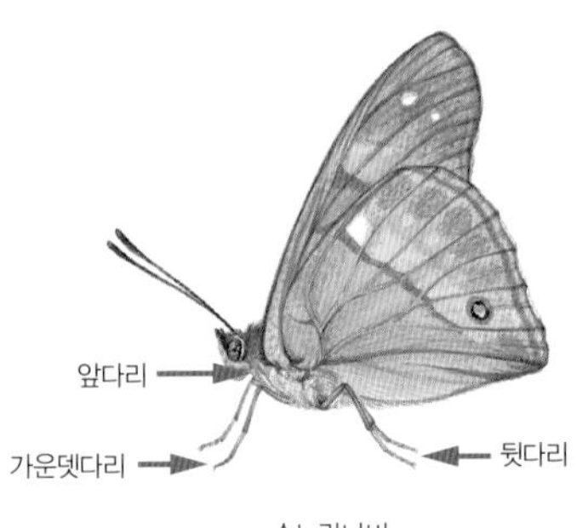

수노랑나비

알 알은 대추나 고깔처럼 생기거나 공처럼 둥글다. 빛깔도 연한 풀빛이나 흰색, 옅은 노란색으로 여러 가지다.

애벌레 애벌레는 머리와 몸에 돌기들이 튀어나온 종이 많다. 몸빛이나 크기는 저마다 다르다. 애벌레는 벼과, 사초과, 백합과, 느릅나무과, 제비꽃과, 쐐기풀과, 인동과, 버드나무과, 장미과, 자작나무과, 참나무과, 국화과, 삼과, 콩과, 마편초과, 쥐방울덩굴과, 쇠비름과, 미나리아재비과, 단풍나무과, 갈매나무과, 포도과, 벽오동과, 산형과, 나도밤나무과, 박주가리과, 메꽃과, 현삼과, 쥐꼬리망초과, 질경이과, 마타리과, 산토끼꽃과 풀잎을 갉아 먹는다. 이 가운데 느릅나무과와 제비꽃과 식물을 각각 15종이 갉아 먹는다. 홍줄나비 애벌레는 다른 나비와 달리 바늘잎나무인 잣나무 잎을 갉아 먹는다.

번데기 번데기는 매끈하거나 배 쪽에 돌기가 있다. 애벌레가 갉아 먹는 식물이나 그 둘레에서 배 끝을 붙여 거꾸로 매달린다.

어른벌레 어른벌레는 낮에 기운차게 날아다닌다. 꽃꿀을 빨거나 나뭇진을 빨아 먹고 축축한 땅바닥에 모여 물을 빨아 먹기도 한다. 왕오색나비나 어리세줄나비, 줄나비, 유리창나비 같은 나비는 동물 똥에도 잘 모인다. 들판부터 높은 산까지 여러 곳에서 살고, 이른 봄부터 늦가을까지 볼 수 있다. 뿔나비와 네발나비, 산네발나비, 들신선나비, 청띠신선나비는 어른벌레로 겨울을 나고, 다른 나비들은 거의 종령 애벌레나 번데기로 겨울을 난다.

수컷

수컷 옆모습

암컷

암컷 옆모습

뿔나비아과
날개 편 길이 32~47mm
겨울나기 어른벌레

뿔나비 *Libythea lepita*

뿔나비는 다른 네발나비와 달리 머리에 있는 아랫입술이 뿔처럼 앞으로 툭 튀어나왔다. 한 해에 한 번 날개돋이 한다. 남녘에서는 산 여기저기에 살고 수도 많아서 쉽게 볼 수 있다. 어른벌레로 겨울을 나고 3월부터 5월까지 날아다니다가 짝짓기를 한다. 6월부터 날개돋이 한 어른벌레는 7월부터 8월쯤에 여름잠을 잔다. 여름잠에서 깬 나비들은 11월까지 날아다닌다.

수컷

수컷 옆모습

암컷

왕나비아과
날개 편 길이 88~105mm
겨울나기 애벌레

왕나비 알락나비[북] *Parantica sita*

몸이 크고 날개가 멋지다고 '왕나비'다. 앞날개는 까맣고 하얀 무늬가 잔뜩 나 있다. 뒷날개는 불그스름한 밤색이고 하얀 무늬가 가운데부터 날개 뿌리까지 나 있다. 본디 열대와 아열대 지역에서 살던 나비다. 우리나라에서는 제주도에 눌러사는 것 같다. 한 해에 두세 번 날개돋이 한다. 여름에는 강원도 높은 산등성이에서도 자주 보인다. 요즘에는 봄에도 중부 지방에서 암컷이 가끔 보인다.

수컷

암컷

수컷 옆모습

먹그늘나비와 먹그늘나비붙이

뱀눈나비아과
날개 편 길이 45~53mm
겨울나기 애벌레

먹그늘나비 *Lethe diana*

먹그늘나비붙이와 닮았지만, 먹그늘나비는 앞날개 아랫면 바깥쪽 가장자리에 눈알 무늬가 두 개 있다. 한 해에 한두 번 날개돋이 한다. 6월 말부터 8월까지 조릿대가 많은 산에서 쉽게 볼 수 있다. 숲 가장자리에서 날개를 접고 앉아 쉬는 모습을 흔히 본다. 밝은 곳에는 잘 안 나오고 그늘 속에서 지낸다. 흐린 날이나 오후 늦게 기운차게 날아다닌다.

수컷

수컷 옆모습

암컷

뱀눈나비아과
날개 편 길이 62~72mm
겨울나기 애벌레

왕그늘나비 큰뱀눈나비[북] *Ninguta schrenckii*

그늘나비 무리 가운데 몸집이 가장 커서 '왕그늘나비'다. 한 해에 한 번 날개돋이 한다. 6월부터 9월까지 수풀이나 숲 가장자리에서 볼 수 있다. 남녘에서는 경기도나 강원도 몇몇 곳에서 사는데, 수가 적어서 보기 어렵다. 가끔 동물 똥에 모이기도 한다. 대부분 흐린 날 숲 가장자리에서 느긋하게 날아다니거나 숲속 그늘진 곳에서 날아다닌다.

수컷

수컷 옆모습

암컷

황알락그늘나비와 알락그늘나비

뱀눈나비아과
날개 편 길이 47~60mm
겨울나기 애벌레

황알락그늘나비 *Kirinia epaminondas*

알락그늘나비와 닮았지만, 황알락그늘나비는 앞날개 바깥쪽 가장자리가 더 둥그스름하고, 앞날개 아랫면 날개맥 1b실과 뒷날개 아랫면 날개맥 가운데방 끝에 있는 밤색 줄무늬가 가늘다. 한 해에 한 번 날개돋이 한다. 6월부터 9월까지 참나무가 많은 낮은 산에서 볼 수 있다. 남녘에는 중부와 남부 지방 산에서 사는데, 수가 많지 않아서 드물게 보인다.

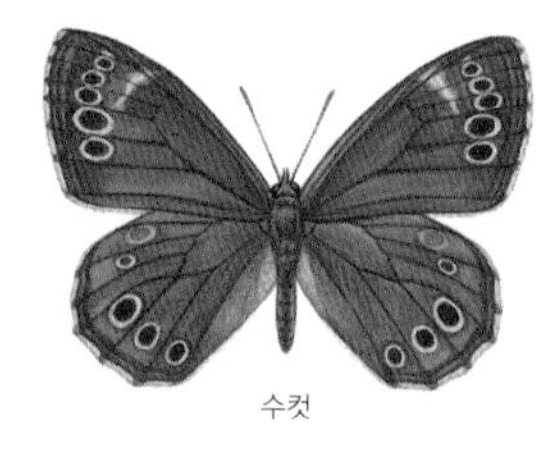
수컷

수컷 옆모습

암컷

뱀눈나비아과
날개 편 길이 47~55mm
겨울나기 애벌레

눈많은그늘나비 암뱀눈나비[북] *Lopinga achine*

그늘나비 무리 가운데 날개 가장자리를 따라 눈알 무늬가 가장 많아서 '눈많은그늘나비'라는 이름이 붙었다. 한 해에 한 번 날개돋이 한다. 5월 말부터 8월까지 산속 수풀이나 풀밭에서 제법 흔하게 볼 수 있다. 6월 중순에는 곳에 따라 더 많이 볼 수도 있다. 울릉도에서는 아직까지 보이지 않는다.

수컷

수컷 옆모습

암컷

뱀눈나비아과
날개 편 길이 37~55mm
겨울나기 애벌레

뱀눈그늘나비 암흰뱀눈나비[북] *Lopinga deidamia*

뱀눈그늘나비는 앞날개 윗면 앞쪽 끄트머리에 동그랗고 커다란 눈알 무늬가 한 개 있고, 뒷날개 아랫면 바깥쪽 가장자리에 동그란 무늬가 여섯 개 있어서 다른 뱀눈나비와 다르다. 한 해에 두세 번 날개돋이 한다. 5월 말부터 9월까지 산에서 많이 볼 수 있는데, 아직까지 제주도와 남쪽 바닷가 지역에서는 안 보인다. 낮은 들판부터 높은 산꼭대기까지 두루 산다.

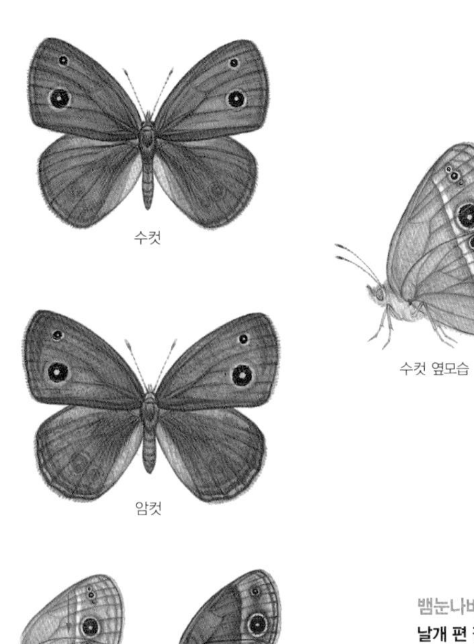

수컷

수컷 옆모습

암컷

부처나비와 부처사촌나비

뱀눈나비아과
날개 편 길이 37~48mm
겨울나기 애벌레

부처나비 큰애기뱀눈나비[북] *Mycalesis gotama*

부처사촌나비와 닮았지만, 부처나비는 날개 아랫면이 옅은 누런 밤색을 띠고, 날개 아랫면 가운데에 가늘고 허연 띠가 곧게 나 있다. 한 해에 두세 번 날개돋이 한다. 4월 중순부터 10월까지 남녘 어디에서나 볼 수 있다. 높은 산보다는 낮은 산 그늘진 숲 가장자리나 논밭 둘레 풀밭에 흔하다. 해거름에 더 많이 날아다닌다.

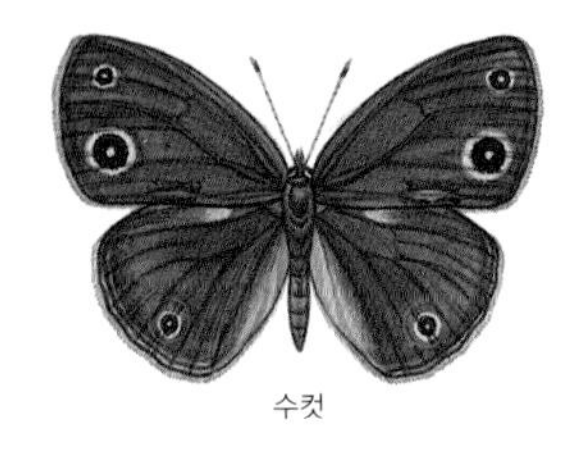
수컷

수컷 옆모습

암컷

뱀눈나비아과
날개 편 길이 38~47mm
겨울나기 애벌레

부처사촌나비 애기뱀눈나비[북] *Mycalesis francisca*

부처나비와 닮았지만, 부처사촌나비는 날개 아랫면 바탕색이 더 짙고, 날개 아랫면 가운데에 있는 띠가 보랏빛을 띤다. 이 띠는 앞날개 커다란 눈알 무늬가 있는 곳에서 날개 뿌리 쪽으로 조금 휘어진다. 한 해에 두 번 날개돋이 한다. 5월부터 8월까지 남녘 어디서나 볼 수 있다. 높은 산보다는 낮은 산 그늘진 숲 가장자리와 논밭 둘레 풀밭에 많이 산다. 썩은 과일에도 잘 모인다.

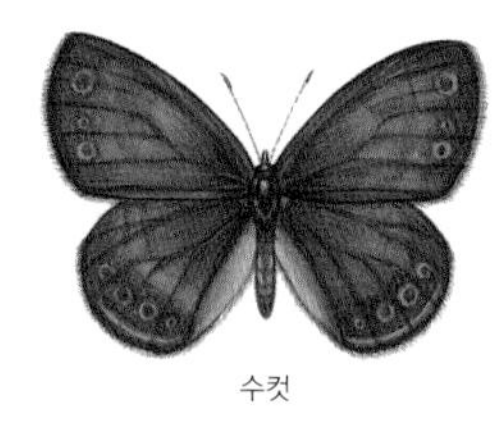
수컷

수컷 옆모습

암컷

뱀눈나비아과
날개 편 길이 32~35mm
겨울나기 애벌레

도시처녀나비 흰띠애기뱀눈나비[북] *Coenonympha hero*

봄처녀나비와 닮았지만, 도시처녀나비는 날개 아랫면 가운데 가장자리에 하얀 무늬가 넓게 나타나고, 그 바깥쪽 가장자리로 눈알 무늬가 둥그렇게 줄지어 나 있다. 한 해에 한 번 날개돋이 한다. 남녘에서는 5월 말부터 6월에 서남부 바닷가 지역을 뺀 온 나라 몇몇 곳에서만 산다. 높은 산부터 낮은 산 숲 가장자리나 풀밭에서 날아다닌다. 요즘에는 사는 곳이나 수가 시나브로 줄고 있다.

외눈이지옥사촌나비와 외눈이지옥나비

뱀눈나비아과
날개 편 길이 46~57mm
겨울나기 애벌레

외눈이지옥사촌나비 외눈이산뱀눈나비[북] *Erebia wanga*

외눈이지옥나비와 닮았지만, 외눈이지옥사촌나비는 앞날개 눈알 무늬 안에 있는 하얀 점 두 개가 위아래로 비스듬히 나 있다. 한 해에 한 번 날개돋이 한다. 남녘에서는 4월 말부터 6월에 지리산보다 북쪽에 있는 몇몇 산에서 사는데, 외눈이지옥나비보다 더 많이 볼 수 있다. 맑은 날 산길 위에 날개를 반쯤 펴고 앉아 햇볕을 쬐고, 축축한 땅이나 짐승 똥에도 잘 날아든다.

수컷

수컷 옆모습

암컷

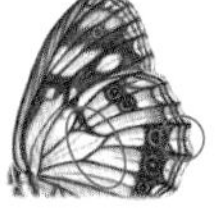
흰뱀눈나비와 조흰뱀눈나비

뱀눈나비아과
날개 편 길이 51~60mm
겨울나기 애벌레

흰뱀눈나비 *Melanargia halimede*

조흰뱀눈나비와 닮았지만, 흰뱀눈나비는 뒷날개 아랫면 가운데에 있는 밤색 물결무늬가 더 뚜렷하고, 바깥쪽 가장자리에 있는 하얀 반달무늬가 더 크다. 한 해에 한 번 날개돋이 한다. 남녘에서는 6월 중순부터 8월까지 제주도와 남쪽 섬, 바닷가 몇몇 곳에서 볼 수 있다. 산속 풀밭이나 떨기나무 숲 둘레를 천천히 날아다닌다.

수컷

수컷 옆모습

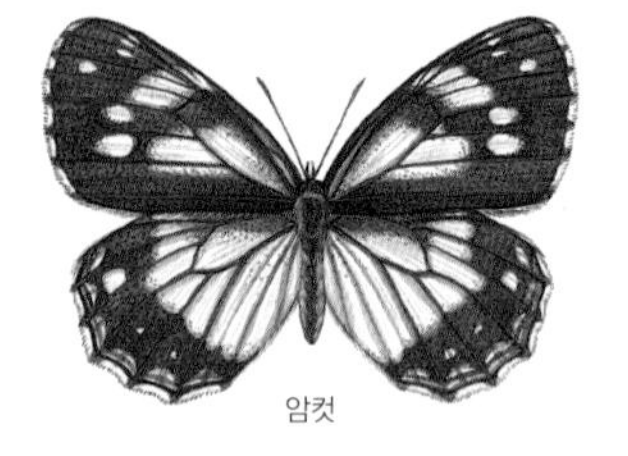
암컷

뱀눈나비아과
날개 편 길이 44~62mm
겨울나기 애벌레

조흰뱀눈나비 참흰뱀눈나비[북] *Melanargia epimede*

흰뱀눈나비와 닮았지만, 조흰뱀눈나비는 뒷날개 아랫면 바깥쪽 가장자리에 있는 하얀 반달무늬가 더 작다. 흰뱀눈나비는 따뜻한 곳을 좋아하는데, 조흰뱀눈나비는 더 추운 곳에서도 잘 산다. 한 해에 한 번 날개돋이 한다. 남녘에서는 6월 중순부터 8월까지 날아다니는데, 낮은 들판부터 높은 산까지 폭넓게 산다. 산속 풀밭이나 떨기나무 숲 둘레에서 천천히 날아다니는 것을 쉽게 볼 수 있다.

수컷

수컷 옆모습

암컷

뱀눈나비아과
날개 편 길이 수컷 50~55mm, 암컷 67~71mm
겨울나기 애벌레

굴뚝나비 뱀눈나비[북] *Minois dryas*

산굴뚝나비와 닮았지만, 굴뚝나비는 앞날개 윗면 가운데쯤에 허연 무늬가 없다. 한 해에 한 번 날개돋이 한다. 남녘에서는 6월 말부터 9월까지 날아다니는데, 들판부터 산까지 어디에나 산다. 배추흰나비만큼 수가 많아서 볕이 잘 드는 풀밭이나 떨기나무 숲 둘레에서 낮게 날아다니는 모습을 쉽게 볼 수 있다. 흐린 날에도 잘 날아다닌다.

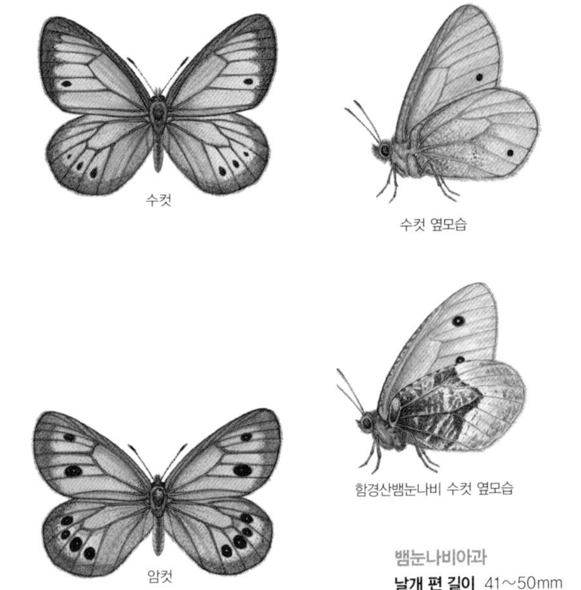

뱀눈나비아과
날개 편 길이 41~50mm
겨울나기 애벌레

참산뱀눈나비 산뱀눈나비북 *Oeneis mongolica*

함경산뱀눈나비와 닮았지만, 참산뱀눈나비는 뒷날개 아랫면 날개 뿌리부터 가운데까지 나 있는 까만 밤색 무늬가 훨씬 옅다. 하지만 사는 곳마다 생김새가 여러 가지다. 한 해에 한 번 날개돋이 한다. 남녘에서는 4월부터 5월까지 산길 둘레나 산등성이 풀밭에서 볼 수 있다. 산에서 많이 살고, 경기도 몇몇 섬에서도 볼 수 있다. 요즘에는 사는 곳과 수가 줄어들고 있다.

수컷

수컷 옆모습

암컷

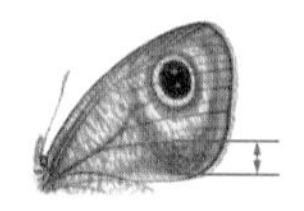
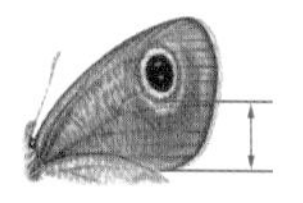
물결나비와 석물결나비

뱀눈나비아과
날개 편 길이 33~42mm
겨울나기 애벌레

물결나비 물결뱀눈나비[북] *Ypthima multistriata*

날개 아랫면에 작고 하얀 무늬가 물결을 이루듯이 나 있어서 '물결나비'다. 석물결나비와 닮았지만, 물결나비는 앞날개 아랫면 뒤쪽 모서리에서 가운데까지 나 있는 거무스름한 밤색 띠무늬가 더 좁다. 한 해에 두세 번 날개돋이 한다. 5월 중순부터 9월까지 낮은 산 가장자리나 논밭 둘레 풀밭에서 흔히 볼 수 있다. 석물결나비나 애물결나비보다 풀밭을 더 좋아한다.

수컷

수컷 옆모습

암컷

뱀눈나비아과
날개 편 길이 31~40mm
겨울나기 애벌레

애물결나비 작은물결뱀눈나비[북] *Ypthima baldus*

물결나비와 닮았지만, 애물결나비는 뒷날개 아랫면 바깥쪽 가장자리에 까만 눈알 무늬가 대여섯 개 있다. 한 해에 두세 번 날개돋이 한다. 5월 초부터 9월까지 숲 가장자리나 풀밭에서 날아다닌다. 남녘에서는 어디서나 살고 수도 많아서 쉽게 볼 수 있다. 맑은 날 날개를 쫙 펴고 앉아 햇볕을 쬔다. 또 총총거리며 날아다니다가 찔레꽃, 국화, 개망초, 엉겅퀴, 씀바귀 꽃에 잘 모인다.

수컷 봄형

암컷 봄형

봄형 옆모습

여름형 옆모습

거꾸로여덟팔나비와 북방거꾸로여덟팔나비

네발나비아과

날개 편 길이 봄형 35~40mm, 여름형 40~46mm

겨울나기 번데기

거꾸로여덟팔나비 팔자나비[북] *Araschnia burejana*

북방거꾸로여덟팔나비와 닮았지만, 거꾸로여덟팔나비는 뒷날개 아랫면 날개 뿌리 쪽에 있는 하얀 직사각형 무늬가 더 작고 폭이 좁다. 한 해에 두 번 날개돋이 한다. 봄에는 4월 말부터 6월까지, 여름에는 7월부터 9월까지 골짜기 둘레나 숲 가장자리에서 볼 수 있다. 남녘에서는 산에 널리 퍼져 사는데, 제주도 같은 섬에서는 안 보인다. 봄에 나온 나비와 여름에 나온 나비 생김새가 아주 다르다.

수컷
수컷 옆모습
암컷
작은멋쟁이나비와 큰멋쟁이나비

네발나비아과
날개 편 길이 43~59mm
겨울나기 어른벌레, 애벌레

작은멋쟁이나비 애기붉은수두나비[북] *Vanessa cardui*

큰멋쟁이나비와 닮았지만, 작은멋쟁이나비는 뒷날개 윗면 가운데에 누런 무늬가 있다. 큰멋쟁이나비는 뒷날개 윗면 가운데가 온통 거무스름하다. 한 해에 여러 번 날개돋이 한다. 4월부터 11월까지 날아다닌다. 남녘에서는 산, 논밭, 도시공원, 물가 둘레 어디에서나 볼 수 있고, 가을 꽃밭에도 아주 흔하다. 볕이 잘 드는 길가나 풀밭에서 날개를 쫙 펴고 앉아 자주 햇볕을 쬔다.

수컷

수컷 옆모습

암컷

네발나비아과
날개 편 길이 47~65mm
겨울나기 어른벌레

큰멋쟁이나비 붉은수두나비[북] *Vanessa indica*

작은멋쟁이나비와 닮았지만, 큰멋쟁이나비는 크기가 더 크고, 뒷날개 윗면 가운데에 아무런 무늬가 없다. 한 해에 두 번에서 네 번 날개돋이한다. 남녘에서는 5월부터 11월까지 볼 수 있다. 산부터 섬까지 폭넓게 살고 멀리까지 날아간다. 재빨리 날고 수컷은 자기 사는 곳에서 텃세를 부린다. 맑은 날에는 바위 위나 산길에서 날개를 쫙 펴고 앉아 햇볕을 자주 쬔다.

수컷

수컷 옆모습

암컷

네발나비아과
날개 편 길이 61~71mm
겨울나기 어른벌레

들신선나비 멧나비[북] *Nymphalis xanthomelas*

들신선나비는 이름과는 달리 산에 더 많이 산다. 갈구리신선나비와 닮았지만, 들신선나비는 뒷날개 윗면 앞쪽 가장자리 가운데에 하얀 무늬가 없다. 한 해에 한 번 날개돋이 한다. 어른벌레로 겨울을 난 뒤에 3~5월까지 날아다니며, 6~8월까지는 새로 날개돋이 한 나비들이 날아다닌다. 남녘에서는 중부 지방 몇몇 곳에 산다. 7월 초 강원도 화천군 해산령 지역에 가면 제법 쉽게 볼 수 있다.

수컷

수컷 옆모습

암컷

네발나비아과
날개 편 길이 55~64mm
겨울나기 어른벌레

청띠신선나비 파란띠수두나비[북] *Nymphalis canace*

청띠신선나비는 날개 윗면 가장자리를 따라 파르스름한 띠가 있어서 다른 신선나비와 다르다. 한 해에 두세 번 날개돋이 한다. 어른벌레로 겨울을 나고 3월부터 5월까지 날아다닌다. 6월부터 9월까지는 새로 날개돋이를 한 나비가 날아다닌다. 낮은 산부터 높은 산까지 폭넓게 살고, 수도 제법 많아서 쉽게 볼 수 있다. 햇볕이 잘 드는 숲길 가장자리를 날아다닌다.

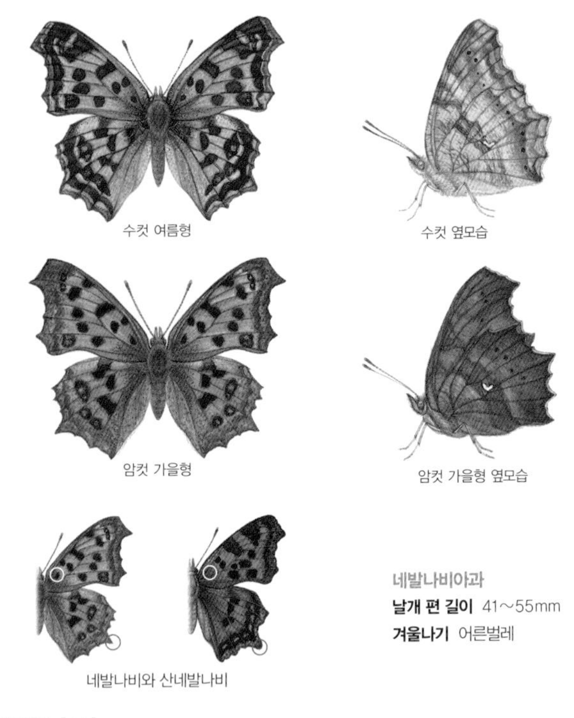

수컷 여름형

수컷 옆모습

암컷 가을형

암컷 가을형 옆모습

네발나비와 산네발나비

네발나비아과
날개 편 길이 41~55mm
겨울나기 어른벌레

네발나비 노랑수두나비[북] *Polygonia c-aureum*

산네발나비와 닮았지만, 네발나비는 뒷날개 날개맥 3실에서 튀어나온 돌기 끝이 더 뾰족하고, 앞날개 윗면 날개 뿌리에 작고 까만 점이 있다. 한 해에 2~4번 날개돋이 한다. 어른벌레로 겨울을 나고 3월부터 5월까지 이른 봄부터 날아다닌다. 새로 날개돋이 한 나비는 6월부터 11월까지 볼 수 있다. 낮은 산과 숲 가장자리, 시골, 물가, 도시공원 어디서나 쉽게 볼 수 있다.

네발나비아과
날개 편 길이 44~51mm
겨울나기 어른벌레

산네발나비 밤색노랑수두나비[북] *Polygonia c-album*

네발나비와 닮았지만, 산네발나비는 뒷날개 날개맥 3실에서 튀어나온 돌기 끝이 둥글고, 앞날개 윗면 날개 뿌리 쪽에 작고 까만 점이 없다. 한 해에 두 번 날개돋이 한다. 어른벌레로 겨울을 나고 3월부터 5월까지 이른 봄부터 날아다닌다. 새로 날개돋이를 한 나비는 6월부터 10월까지 볼 수 있다. 높은 산에서 살고 숲 가장자리나 산길에서 때때로 볼 수 있다.

수컷

수컷 옆모습

암컷

네발나비아과
날개 편 길이 38~49mm
겨울나기 애벌레
국외반출승인대상생물종

금빛어리표범나비 금빛표문번티기[북] *Euphydryas sibirica*

봄어리표범나비와 닮았지만, 금빛어리표범나비는 뒷날개 아랫면이 황금색을 띠고, 가운데 가장자리를 따라 까만 점무늬들이 줄지어 있다. 한 해에 한 번 날개돋이 한다. 중부와 북부 지방 몇몇 산속 풀밭에서 산다. 남녘에서는 5~6월, 북녘에서는 6월 중순부터 7월 중순까지 볼 수 있다. 남녘에서는 강원도 남부 지역에서 가끔 보였지만 요즘에는 수가 줄고 있다. 국외반출승인대상생물종이다.

수컷

수컷 옆모습

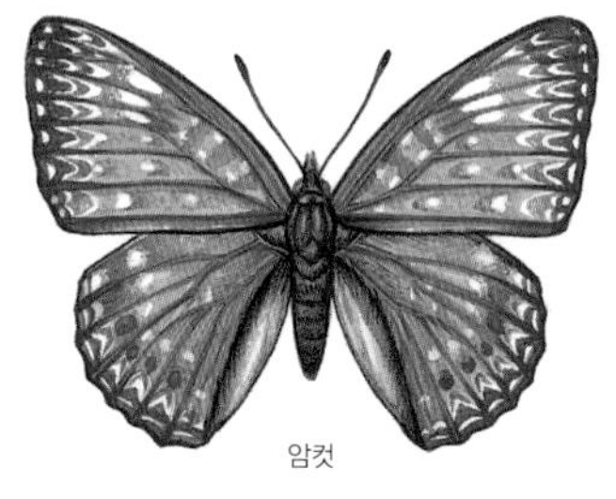
암컷

돌담무늬나비아과
날개 편 길이 47~71mm
겨울나기 번데기

먹그림나비 *Dichorragia nesimachus*

먹그림나비는 날개 윗면이 완두콩 빛이 도는 거무스름한 파란색을 띠고, 앞날개 바깥쪽 가장자리에는 화살촉처럼 뾰족한 하얀 무늬들이 두 겹으로 줄지어 있어서 다른 네발나비와 다르다. 한 해에 두 번 날개돋이 한다. 봄에는 5월 중순부터 6월 중순, 여름에는 7월 말부터 8월까지 남부 지방 넓은잎나무 숲에 폭넓게 산다. 요즘에는 날씨가 따뜻해지면서 점점 더 위쪽까지 올라와 사는 것 같다.

수컷 검은형

수컷 옆모습

암컷 밤색형

수컷 밤색형

황오색나비와 오색나비

오색나비아과
날개 편 길이 55~76mm
겨울나기 애벌레

황오색나비 노랑오색나비[북] *Apatura metis*

오색나비와 닮았지만, 황오색나비는 뒷날개 윗면 날개맥 1b실에 하얀 무늬가 있고, 뒷날개 윗면 가운데에 있는 하얀 띠무늬가 더 넓다. 사는 곳에 따라 한 해에 1~3번 날개돋이 한다. 6월부터 10월까지 제주도를 뺀 온 나라 물가와 마을 둘레, 낮은 산에서 볼 수 있다. 수컷은 햇볕이 잘 드는 나무 꼭대기에서 텃세를 부리기도 하고, 축축한 땅에도 잘 앉는다.

수컷

수컷 옆모습

암컷

오색나비아과
날개 편 길이 68~76mm
겨울나기 애벌레
국외반출승인대상생물종

번개오색나비 산오색나비[북] *Apatura iris*

오색나비와 닮았지만, 뒷날개 아랫면 가운데에 있는 하얀 띠가 날개맥 4실쯤에서 뾰족하게 톡 튀어나와서 '번개오색나비'라는 이름이 붙었다. 한 해에 한 번 날개돋이 한다. 6월부터 8월까지 지리산보다 북쪽에 있는 몇몇 산에서 볼 수 있다. 남녘에서는 경기도 북부와 강원도 높은 산 넓은잎나무 숲에서 보인다.

수컷

수컷 옆모습

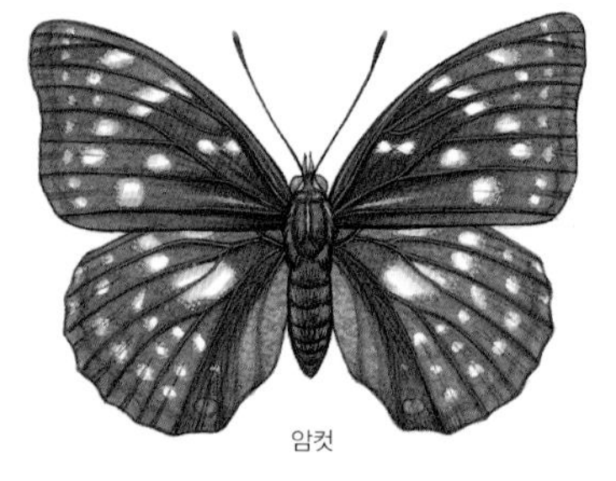
암컷

오색나비아과
날개 편 길이 71~101mm
겨울나기 애벌레
국외반출승인대상생물종

왕오색나비 *Sasakia charonda*

왕오색나비는 오색나비 무리 가운데 가장 크다. 수컷은 날개 윗면 가운데부터 날개 뿌리까지 쇠붙이처럼 반짝이는 파란빛을 띠고, 암컷은 짙은 밤색을 띤다. 또 하얀 무늬가 여기저기 많아서 다른 오색나비와 다르다. 한 해에 한 번 날개돋이 한다. 6월 중순부터 8월까지 우리나라 몇몇 곳과 제주도, 몇몇 섬에서 가끔 볼 수 있다. 낮은 산이나 마을 둘레 팽나무가 많이 자라는 곳에서 산다.

오색나비아과
날개 편 길이 71~89mm
겨울나기 애벌레

은판나비 은오색나비[북] *Mimathyma schrenckii*

은판나비는 뒷날개 아랫면이 은빛을 띠고, 가운데와 바깥쪽 가장자리에 주황색 띠무늬가 있어서 다른 오색나비와 다르다. 한 해에 한 번 날개돋이 한다. 6월 중순부터 8월까지 몇몇 산에서 볼 수 있다. 아직까지 제주도와 남해 섬에서는 안 보이지만, 경기도에 있는 신도와 대이작도 같은 섬에서는 가끔 보인다. 강원도 산에서는 6월 말부터 7월 초에 가장 많이 보인다.

오색나비아과
날개 편 길이 57~71mm
겨울나기 애벌레
국외반출승인대상생물종

수노랑나비 수노랑오색나비[북] *Chitoria ulupi*

수노랑나비 수컷은 앞날개 끄트머리가 크게 튀어나왔고, 뒷날개 아랫면 가운데에 주황색 띠가 가늘게 나 있다. 암컷은 날개 윗면 가운데에 하얀 띠무늬가 뚜렷하게 나 있고, 아랫면은 은빛이 강해서 다른 오색나비와 다르다. 수컷과 암컷 생김새가 사뭇 다르다. 한 해에 한 번 날개돋이 한다. 6월 중순부터 8월에 몇몇 산에서만 볼 수 있고, 제주도와 바닷가에서는 안 보인다. 국외반출승인대상생물종이다.

수컷

수컷 옆모습

암컷

오색나비아과
날개 편 길이 52~62mm
겨울나기 번데기
국외반출승인대상생물종

유리창나비 *Dilipa fenestra*

앞날개 끄트머리에 유리창처럼 반투명한 동그란 무늬가 있어서 '유리창나비'라는 이름이 붙었다. 수컷과 암컷 모두 이 무늬가 있어서 다른 오색나비와 다르다. 한 해에 한 번 날개돋이 한다. 4월 중순부터 6월 초까지 몇몇 산골짜기에서 볼 수 있다. 제주도에서는 아직까지 보이지 않는다. 국외반출승인대상생물종이다.

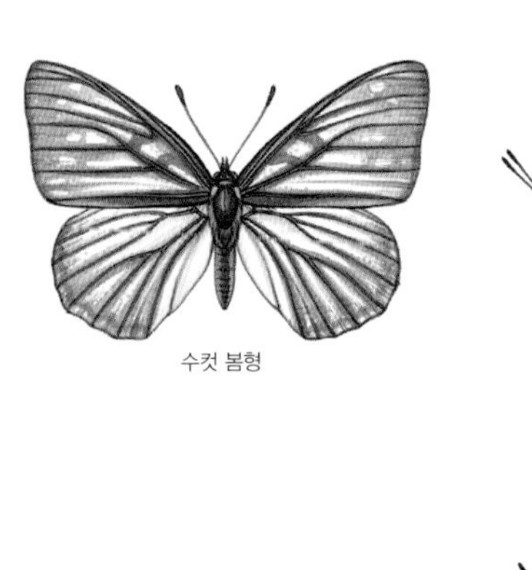
수컷 봄형

수컷 봄형 옆모습

암컷 여름형 옆모습

암컷 여름형

오색나비아과
날개 편 길이 봄형 58~64mm, 여름형 65~72mm
겨울나기 애벌레

흑백알락나비 흰점알락나비[북] *Hestina japonica*

날개에 까만색과 하얀색이 잘 어우러져 있어서 '흑백알락나비'다. 어리세줄나비와 닮았지만, 흑백알락나비는 주둥이가 노랗다. 한 해에 두세 번 날개돋이 한다. 봄과 여름에 나오는 나비 몸빛이 사뭇 다르다. 봄에는 5~6월, 여름에는 7~8월에 중부와 남부 지방 들판이나 바닷가 넓은잎나무 숲이나 낮은 산에서 때때로 볼 수 있다. 경기도 몇몇 섬에서도 보이는데, 제주도에서는 볼 수 없다.

수컷

수컷 옆모습

암컷

오색나비아과
날개 편 길이 69~92mm
겨울나기 애벌레
국외반출승인대상생물종

홍점알락나비 붉은점알락나비[북] *Hestina assimilis*

날개에 까만색과 하얀색이 어우러져 알락알락하고, 뒷날개 가장자리에 분홍색 점무늬가 있어서 '홍점알락나비'라는 이름이 붙었다. 한 해에 두세 번 날개돋이 한다. 5월 말부터 9월까지 산에서도 살지만 섬이나 바닷가에서 더 많이 보인다. 팽나무가 많이 자라는 낮은 산이나 바닷가, 마을 둘레에서 산다. 서해 중부에 있는 섬에서 많이 산다. 국외반출승인대상생물종이다.

오색나비아과
날개 편 길이 63~75mm
겨울나기 애벌레
한국고유생물종

대왕나비 감색얼룩나비[북] *Sephisa princeps*

대왕나비 수컷은 누런빛을 띤 붉은색이고, 암컷은 까만 밤색을 띤다. 암컷 앞날개 윗면 날개맥 가운데방에 불그스름한 짧은 띠무늬가 있어서 다른 오색나비와 다르다. 한 해에 한 번 날개돋이 한다. 6월 말부터 8월까지 잎 지는 넓은잎나무가 자라는 산에서 쉽게 볼 수 있지만, 제주도에서는 보이지 않는다. 우리나라 고유생물종이고, 국외반출승인대상생물종이다.

수컷

수컷 옆모습

암컷

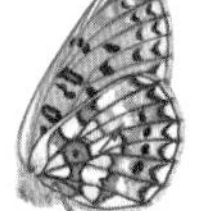

작은은점선표범나비와 큰은점선표범나비

표범나비아과

날개 편 길이 32~45mm

겨울나기 번데기

국외반출승인대상생물종

작은은점선표범나비 *Clossiana perryi*

작은은점선표범나비는 뒷날개 아랫면 가운데에 은빛 다각형 무늬가 있다. 큰은점선표범나비와 닮았지만, 작은은점선표범나비는 뒷날개 아랫면 바깥쪽 가장자리가 더 밝은 누런빛을 띤다. 한 해에 서너 번 날개돋이 한다. 3월 말부터 10월까지 몇몇 산속에서 드물게 보인다. 아직까지 남쪽 바닷가나 섬에서는 안 보인다. 요즘에는 수가 시나브로 줄고 있다. 국외반출승인대상생물종이다.

수컷

수컷 옆모습

암컷

큰표범나비와 작은표범나비

표범나비아과
날개 편 길이 48~57mm
겨울나기 알, 애벌레
국외반출승인대상생물종

큰표범나비 큰표문나비[북] *Brenthis daphne*

작은표범나비와 닮았지만, 큰표범나비는 뒷날개 아랫면 날개 뿌리 쪽이 옅은 노란빛을 띠고, 바깥쪽 가장자리로는 보랏빛이 돈다. 한 해에 한 번 날개돋이 한다. 6월부터 8월에 중부와 북부 지방 내륙 몇몇 산에서 볼 수 있다. 남녘에서는 태백산맥 산등성이나 산꼭대기 둘레 햇볕이 잘 드는 풀밭에서 드물게 볼 수 있다. 국외반출승인대상생물종이다.

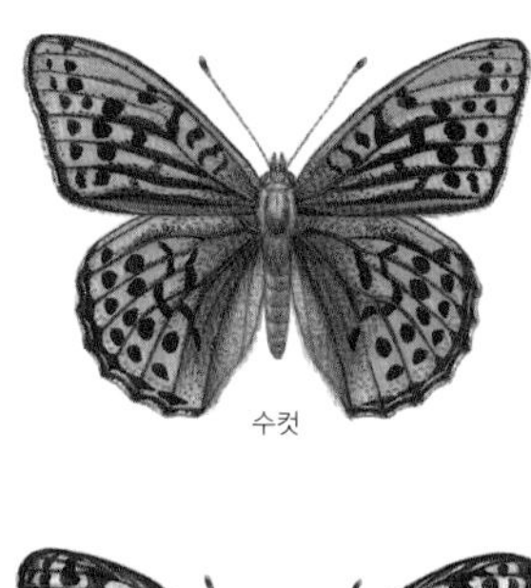
수컷

수컷 옆모습

암컷

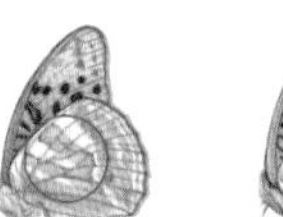
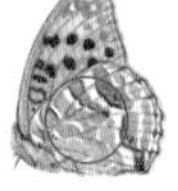
은줄표범나비와 산은줄표범나비

표범나비아과
날개 편 길이 58~68mm
겨울나기 애벌레

은줄표범나비 은줄표문나비[북] *Argynnis paphia*

뒷날개 아랫면에 은빛 줄무늬가 있는 표범나비라고 '은줄표범나비'다. 산은줄표범나비와 닮았지만, 은줄표범나비는 뒷날개 아랫면에 있는 하얀 줄무늬가 똑바르게 나 있다. 산은줄표범나비는 하얀 줄무늬가 거미줄처럼 얽혀 있다. 한 해에 한 번 날개돋이 한다. 남녘에서는 산에서 흔히 볼 수 있다. 5월 중순부터 6월 말까지 날아다니다가 여름잠을 잔 뒤에 8월부터 10월 초에 다시 나온다.

수컷

수컷 옆모습

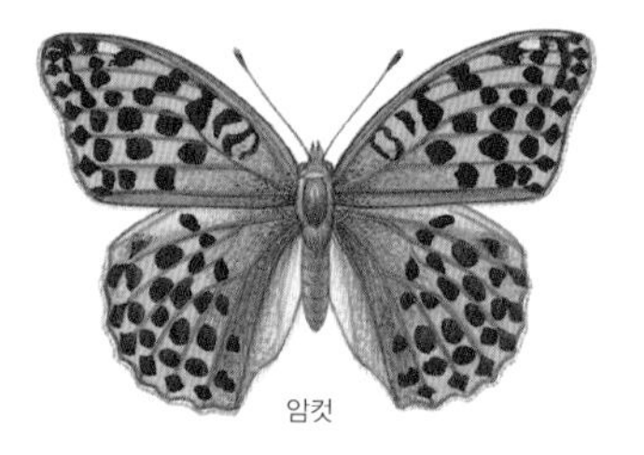
암컷

표범나비아과
날개 편 길이 62~70mm
겨울나기 애벌레

구름표범나비 구름표문나비[북] *Argynnis anadyomene*

구름표범나비는 뒷날개 아랫면에 뚜렷한 무늬가 없어서 다른 표범나비와 다르다. 한 해에 한 번 날개돋이 한다. 5월 말부터 6월 말까지 날아다니다가 여름잠을 잔다. 그리고 7월 말부터 다시 나와 9월까지 볼 수 있다. 중부와 북부 산에서 폭넓게 살지만 수가 많지 않아서 보기 어렵다. 남녘에서는 남부 지방과 중부 서해 바닷가를 빼고 산속 풀밭이나 숲 가장자리에 핀 꽃에서 가끔씩 보인다.

표범나비아과
날개 편 길이 55~70mm
겨울나기 애벌레
국외반출승인대상생물종

은점표범나비 은점표문나비[북] *Fabriciana niobe*

긴은점표범나비와 닮았지만, 은점표범나비는 뒷날개 아랫면 날개맥 가운데방 끝에 있는 은빛 점무늬가 둥글다. 한 해에 한 번 날개돋이 한다. 5월부터 나타나기 시작해서 6~7월에 많이 날아다닌다. 그러다가 여름잠을 자고 나서 9월에 다시 나온다. 우리나라 산 어디에나 살지만, 수가 많지 않아서 보기 어렵다. 산속 풀밭이나 숲 가장자리에 핀 꽃에서 가끔 보인다. 국외반출승인대상생물종이다.

수컷

수컷 옆모습

암컷

암컷 옆모습

긴은점표범나비와 은점표범나비

표범나비아과
날개 편 길이 57~72mm
겨울나기 애벌레

긴은점표범나비 긴은점표문나비북 *Fabriciana vorax*

은점표범나비와 닮았지만, 긴은점표범나비는 뒷날개 아랫면 날개맥 가운데방 끝에 있는 은빛 점무늬가 동그랗지 않고 길쭉하다. 한 해에 한 번 날개돋이 한다. 6월 중순부터 나타나 잠시 날아다니다가 여름잠을 자고, 9월에 다시 나온다. 우리나라 산 어디에서나 산다. 남녘에서는 산속 풀밭이나 숲 가장자리에 핀 꽃에서 흔히 보인다.

수컷

수컷 옆모습

암컷

표범나비아과
날개 편 길이 58~80mm
겨울나기 애벌레
멸종위기야생동물 Ⅱ급

왕은점표범나비 왕은점표문나비[북] *Fabriciana nerippe*

은점표범나비와 닮았지만, 왕은점표범나비는 뒷날개 윗면 바깥쪽 가장자리를 따라 'M'자처럼 생긴 까만 무늬들이 줄지어 있어서 다르다. 한 해에 한 번 날개돋이 한다. 5월부터 나와 6~7월에 가장 많이 날아다닌다. 그러다 여름잠을 자고 난 뒤 9월에 다시 보인다. 서해 바닷가나 섬, 내륙 산 몇몇 곳에서 보이는데, 지금은 굴업도에서 가장 많이 산다. 멸종위기야생동물 II급이다.

표범나비아과
날개 편 길이 64~80mm
겨울나기 애벌레
국가기후변화생물지표종

암끝검은표범나비 암끝검정표문나비[북] *Argynnis hyperbius*

암끝검은표범나비는 뒷날개 아랫면에 흰색, 누런 밤색, 까만색 무늬가 어우러져 있다. 암컷은 앞날개 가운데부터 끄트머리까지 파르스름하게 까맣고, 그 가운데에 하얀 띠무늬가 있어서 다른 표범나비와 다르다. 한 해에 서너 번 날개돋이 한다. 봄에 나온 나비는 3~5월에, 여름에 나온 나비는 6~11월에 볼 수 있다. 제주도와 남해 바닷가에서 많이 산다. 가을에는 서해 섬과 중부 지방까지 올라온다.

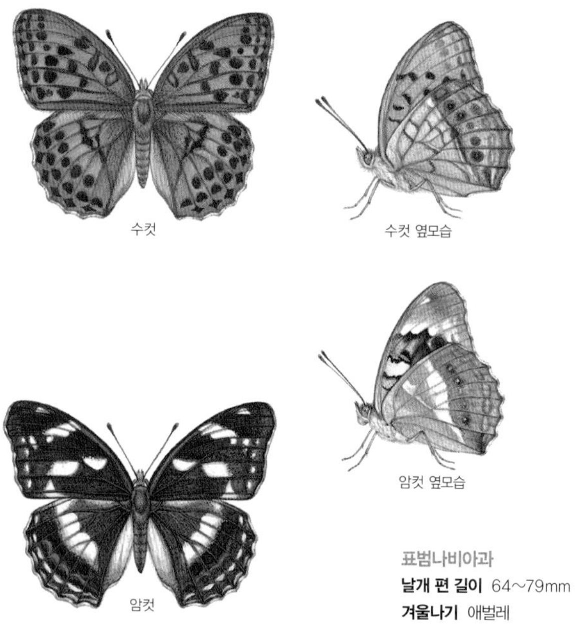

표범나비아과
날개 편 길이 64~79mm
겨울나기 애벌레

암검은표범나비 암검은표문나비[북] *Damora sagana*

암검은표범나비 수컷은 누렇고, 앞날개 윗면 날개맥 가운데방에 짧고 까만 줄무늬가 있다. 암컷은 푸른빛이 도는 거무스름한 밤색이고, 하얀 무늬들이 여기저기 나 있다. 한 해에 한 번 날개돋이 한다. 6월부터 9월까지 낮은 산부터 바닷가까지 폭넓게 산다. 바닷가나 섬에 더 많이 사는데, 여기에 사는 나비는 몸집이 더 크다. 맑은 날 산속 풀밭이나 숲 가장자리에서 기운차게 날아다닌다.

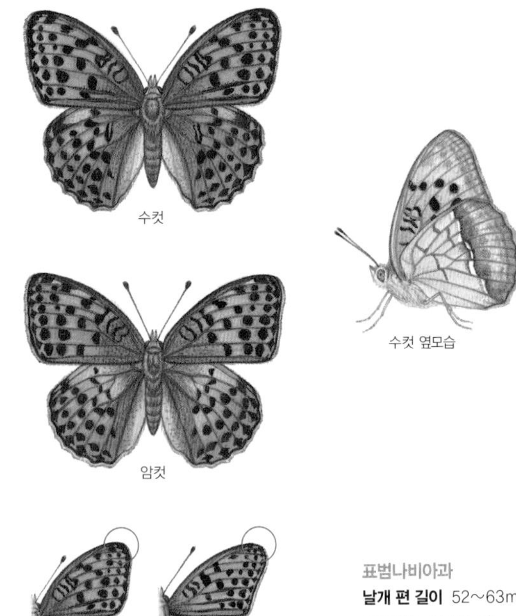

흰줄표범나비와 큰흰줄표범나비

표범나비아과
날개 편 길이 52~63mm
겨울나기 애벌레, 알

흰줄표범나비 흰줄표문나비[북] *Argyronome laodice*

날개 아랫면에 하얀 줄무늬가 있다고 '흰줄표범나비'다. 큰흰줄표범나비와 닮았지만, 흰줄표범나비는 앞날개 앞쪽 모서리 끝이 튀어나오지 않고, 뒷날개 아랫면 가운데쯤부터 바깥쪽 가장자리까지 난 자줏빛이 더 옅다. 한 해에 한 번 날개돋이 한다. 6월부터 10월까지 낮은 산과 숲 가장자리, 논밭 둘레, 물가에 있는 풀밭이나 꽃에서 흔히 볼 수 있다.

수컷

수컷 옆모습

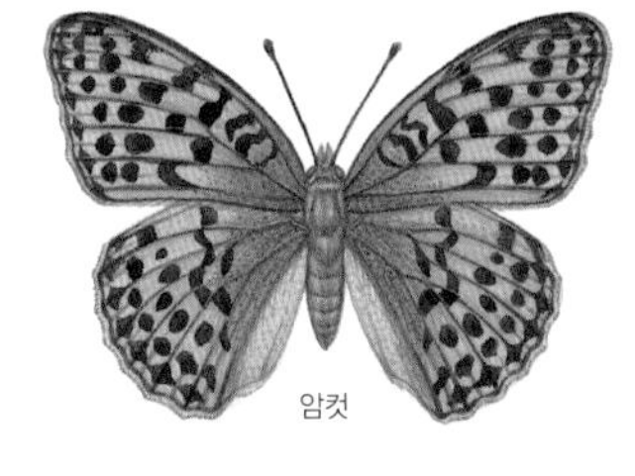
암컷

표범나비아과
날개 편 길이 58~69mm
겨울나기 알, 애벌레

큰흰줄표범나비 큰흰줄표문나비[북] *Argyronome ruslana*

흰줄표범나비와 닮았지만, 큰흰줄표범나비는 앞날개 앞쪽 모서리가 더 튀어나왔다. 또 뒷날개 아랫면 가운데부터 바깥쪽 가장자리까지 자줏빛이 더 짙다. 한 해에 한 번 날개돋이 한다. 6월부터 나타나 잠깐 날아다니다가 여름잠을 자러 들어간다. 그리고 8월부터 다시 나와 날아다닌다. 남녘에서는 7월 말쯤 강원도 산에 가면 볼 수 있다. 요즘에는 낮은 산이나 들판에서도 가끔 볼 수 있다.

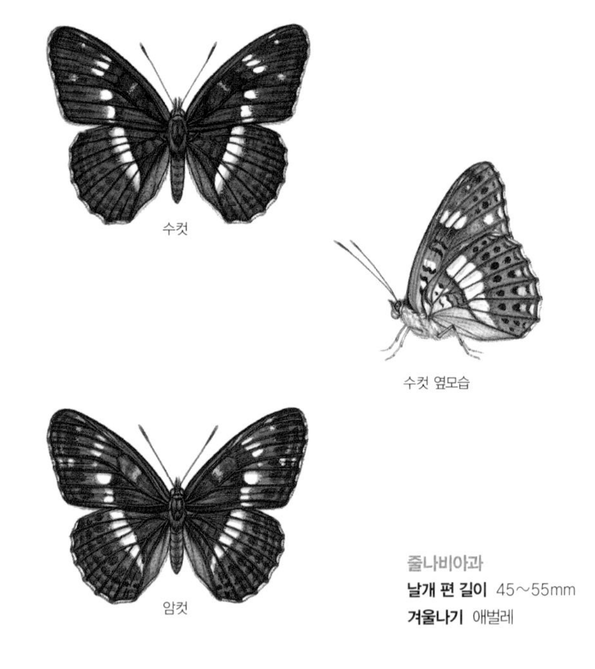

줄나비아과
날개 편 길이 45~55mm
겨울나기 애벌레

줄나비 한줄나비[북] *Limenitis camilla*

날개에 하얀 줄무늬가 뚜렷하게 나 있어서 '줄나비'다. 앞날개 윗면 날개맥 가운데방에 하얀 줄무늬가 없어서 다른 줄나비와 다르다. 한 해에 두세 번 날개돋이 한다. 5월 말부터 10월 초까지 볼 수 있다. 우리나라 어느 산골짜기에나 다 살지만 수가 많지 않아서 드물게 보인다. 맑은 날 숲 가장자리 나뭇잎에 앉아 날개를 쫙 펴고 햇볕을 쬔다.

수컷

수컷 옆모습

암컷

줄나비아과
날개 편 길이 50~63mm
겨울나기 애벌레

굵은줄나비 넓은한줄나비[북] *Limenitis sydyi*

굵은줄나비는 줄나비보다 날개 윗면에 있는 하얀 줄무늬가 더 굵다. 또 앞날개 날개맥 가운데방에 하얀 줄무늬가 있고, 뒷날개 아랫면 바깥쪽 테두리가 온통 하얗다. 한 해에 한 번 날개돋이 한다. 6월부터 8월까지 산이나 시골 마을 둘레에서 드물게 볼 수 있다. 수컷은 오전에 꽃에서 꿀을 빨고, 오후에는 산꼭대기나 산등성이 빈터에서 날아다닌다. 맑은 날 숲 가장자리 나뭇잎에 앉아 햇볕을 쬔다.

수컷

수컷 옆모습

암컷

참줄나비와 참줄나비사촌

줄나비아과
날개 편 길이 51~65mm
겨울나기 애벌레

참줄나비 산한줄나비[북] *Limenitis moltrechti*

참줄나비사촌과 닮았지만, 참줄나비는 앞날개 윗면 날개맥 가운데방에 날개 뿌리 쪽으로 난 가늘고 하얀 줄무늬가 없고, 네모난 흰 무늬가 있다. 한 해에 한 번 날개돋이 한다. 6월부터 8월 초까지 중부와 북부 지방 몇몇 산에서 드물게 볼 수 있다. 남녘에서는 강원도 높은 산에서 산다. 수컷은 7월에 축축한 곳에서 물을 빠는 모습을 자주 볼 수 있다. 맑은 날에는 산꼭대기에 몰려든다.

수컷

수컷 옆모습

암컷

줄나비아과
날개 편 길이 45~60mm
겨울나기 애벌레

제일줄나비 참한줄나비[북] *Limenitis helmanni*

서로 닮은 세 가지 줄나비에게 '일, 이, 삼'이라는 번호를 붙이면서 '제일줄나비'라는 이름이 먼저 붙었다. 제삼줄나비와 닮았지만, 제일줄나비는 뒷날개 아랫면 날개 뿌리 쪽에 있는 은백색 무늬가 더 넓다. 한 해에 두 번 날개돋이 한다. 5월 중순부터 9월까지 온 나라 어디에서나 날아다닌다. 높은 산보다는 마을 둘레나 숲 가장자리에서 쉽게 볼 수 있다.

수컷

수컷 옆모습

암컷

제이줄나비와 제일줄나비

줄나비아과
날개 편 길이 40~60mm
겨울나기 애벌레

제이줄나비 제이한줄나비[북] *Limenitis doerriesi*

제일줄나비와 닮았지만, 제이줄나비는 앞날개 윗면 날개 뿌리에서 날개맥 가운데방 쪽으로 곤봉처럼 뻗은 하얀 줄무늬가 있는데 길이가 짧고, 조금 휜다. 한 해에 두세 번 날개돋이 한다. 5월 중순부터 9월까지 날아다니는데 온 나라에 살지만, 북녘에는 드물다. 남녘에서는 높은 산보다는 마을 둘레나 숲 가장자리에서 쉽게 볼 수 있다.

수컷

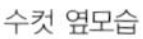

수컷 옆모습

암컷

줄나비아과

날개 편 길이 42~55mm

겨울나기 애벌레

애기세줄나비 작은세줄나비[북] *Neptis sappho*

두줄나비와 닮았지만, 애기세줄나비는 앞날개 윗면 날개맥 가운데방에 곤봉처럼 나 있는 하얀 무늬가 둘로 떨어진다. 한 해에 두세 번 날개돋이 한다. 5월부터 9월까지 온 나라 어디에서나 많이 날아다닌다. 남녘에서는 높은 산보다는 마을 둘레나 숲 가장자리에서 쉽게 볼 수 있다. 맑은 날 땅바닥이나 숲 가장자리에 자란 나무에 앉아 날개를 쫙 펴고 햇볕을 쬔다.

줄나비아과
날개 편 길이 54~65mm
겨울나기 애벌레

세줄나비 *Neptis philyra*

날개 윗면에 하얀 무늬가 석 줄 나 있다고 '세줄나비'라는 이름이 붙었다. 참세줄나비와 닮았지만, 세줄나비는 앞날개 윗면 앞쪽 가장자리 가운데에 작고 하얀 점무늬 두 개가 없다. 한 해에 한 번 날개돋이 한다. 5월 말부터 7월까지 몇몇 산에서 드물게 볼 수 있다. 맑은 날 나무 위나 숲 가장자리에서 천천히 날아다니고 짐승 똥이나 썩은 과일, 산초나무, 밤나무 꽃에 가끔 찾아온다.

수컷

수컷 옆모습

암컷

줄나비아과
날개 편 길이 57~63mm
겨울나기 애벌레

참세줄나비 산세줄나비[북] *Neptis philyroides*

세줄나비와 닮았지만, 참세줄나비는 앞날개 윗면 앞쪽 가장자리 가운데에 작고 하얀 점무늬가 두 개 있다. 한 해에 한 번 날개돋이 한다. 5월 말부터 8월까지 산에서 드물게 볼 수 있다. 또 남해 섬에는 없지만, 서해 중부에 있는 강화도, 장봉도, 신도, 교동도 같은 섬에서는 볼 수 있다. 맑은 날 나무 위나 숲 가장자리에서 천천히 날아다닌다. 꽃에 잘 안 날아오고, 짐승 똥이나 썩은 과일에 잘 모인다.

수컷

수컷 옆모습

암컷

줄나비아과
날개 편 길이 43~56mm
겨울나기 애벌레

두줄나비 *Neptis rivularis*

별박이세줄나비와 닮았지만, 두줄나비는 뒷날개 윗면 가운데만 하얀 띠무늬가 넓게 있고, 아랫면 날개 뿌리 쪽에 까만 점무늬가 없다. 한 해에 한 번 날개돋이 한다. 6월부터 8월까지 날아다니는데, 7월 초에 날개돋이 하는 곳에 가면 제법 많이 볼 수 있다. 남녘에서는 마을 둘레부터 산까지 폭넓게 볼 수 있지만, 섬과 남부 지방에서는 거의 보기 어렵다.

수컷

수컷 옆모습

암컷

줄나비아과
날개 편 길이 50~62mm
겨울나기 애벌레

별박이세줄나비 별세줄나비[북] *Neptis coreana*

뒷날개 아랫면 날개 뿌리 쪽에 작고 까만 점이 별처럼 박혀 있다고 '별박이세줄나비'라는 이름이 붙었다. 한 해에 두세 번 날개돋이 한다. 5월 중순부터 10월까지 온 나라에서 날아다니는데 제주도와 울릉도에서는 볼 수 없다. 남녘에서는 마을 둘레부터 산까지 어디에서나 흔하다. 맑은 날 숲 가장자리나 풀밭에서 천천히 날아다니고, 날개를 쫙 펴고 햇볕을 쬐는 모습도 자주 보인다.

수컷

수컷 옆모습

암컷

높은산세줄나비와 애기세줄나비

줄나비아과
날개 편 길이 42~56mm
겨울나기 애벌레

높은산세줄나비 *Neptis speyeri*

높은 산에서 많이 산다고 '높은산세줄나비'다. 애기세줄나비와 닮았지만, 높은산세줄나비는 앞날개 윗면 날개맥 가운데방에 있는 하얀 줄무늬가 안 끊어지고 길게 뻗는데, 이 줄무늬 끄트머리에 홈이 옴폭 파여 있다. 한 해에 한 번 날개돋이 한다. 6월부터 8월 초까지 백두 대간 몇몇 산에서 드물게 볼 수 있다. 남녘에서는 강원도 산속 숲 가장자리나 골짜기에서 날아다닌다.

수컷

수컷 옆모습

암컷

줄나비아과
날개 편 길이 65~79mm
겨울나기 애벌레

왕세줄나비 큰세줄나비[북] *Neptis alwina*

세줄나비 무리 가운데 몸집이 가장 크다고 '왕세줄나비'다. 높은산세줄나비와 닮았지만, 왕세줄나비는 앞날개 윗면 날개맥 가운데방에 길게 뻗은 하얀 줄무늬가 톱니처럼 생겼다. 한 해에 한 번 날개돋이 한다. 6월 중순부터 9월 초까지 제주도를 뺀 온 나라에서 드물게 볼 수 있다. 남녘에서는 마을 둘레나 낮은 산 숲 가장자리에서 날아다닌다.

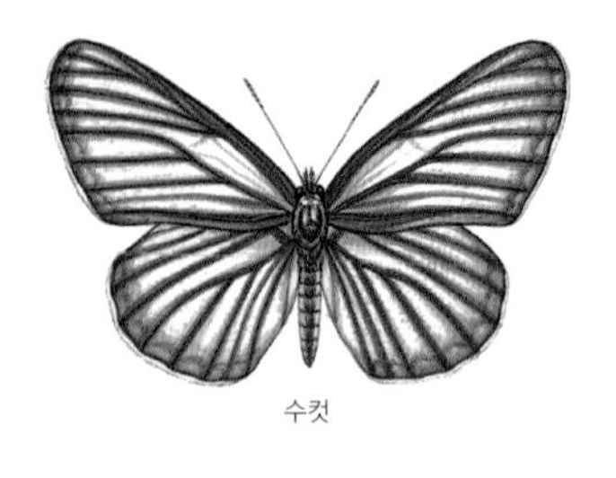
수컷

수컷 옆모습

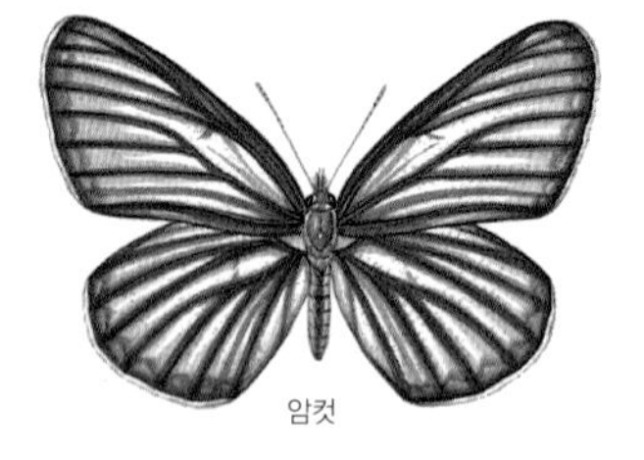
암컷

줄나비아과
날개 편 길이 62~71mm
겨울나기 애벌레
국외반출승인대상생물종

어리세줄나비 검은세줄나비[북] *Aldania raddei*

세줄나비 무리에 들지만 생김새가 퍽 달라서 '어리세줄나비'라는 이름이 붙었다. 날개는 잿빛을 띠고 날개맥과 그 둘레가 까만 밤색을 띠는 것이 꼭 줄무늬처럼 보여서 다른 세줄나비와 다르다. 한 해에 한 번 날개돋이 한다. 5월부터 6월에 내륙 몇몇 산에서 드물게 볼 수 있다. 골짜기 둘레 넓은잎나무 숲 가장자리를 천천히 날아다닌다. 축축한 땅바닥이나 짐승 똥에도 잘 모인다.

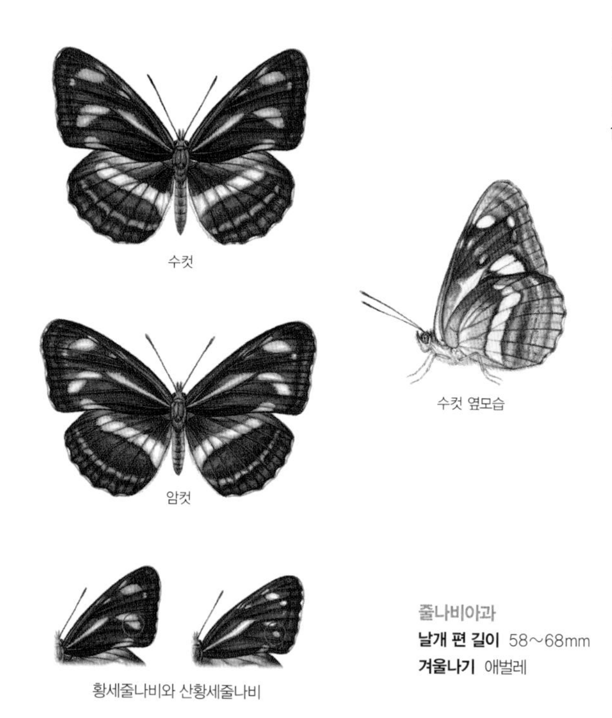
수컷

수컷 옆모습

암컷

황세줄나비와 산황세줄나비

줄나비아과
날개 편 길이 58~68mm
겨울나기 애벌레

황세줄나비 노랑세줄나비[북] *Aldania thisbe*

날개에 누런 무늬가 있는 세줄나비라고 '황세줄나비'다. 산황세줄나비와 닮았지만, 황세줄나비가 더 크고, 앞날개 윗면 날개맥 2실에 있는 하얀 무늬도 더 크다. 한 해에 한 번 날개돋이 한다. 6월부터 8월까지 백두 대간 몇몇 산에서 볼 수 있다. 남녘에서는 산속 넓은잎나무 숲에서 산다. 산길이나 숲 가장자리에서 낮게 천천히 날아다닌다. 꽃에는 안 오고 짐승 똥에 모인다.

나비 더 알아보기

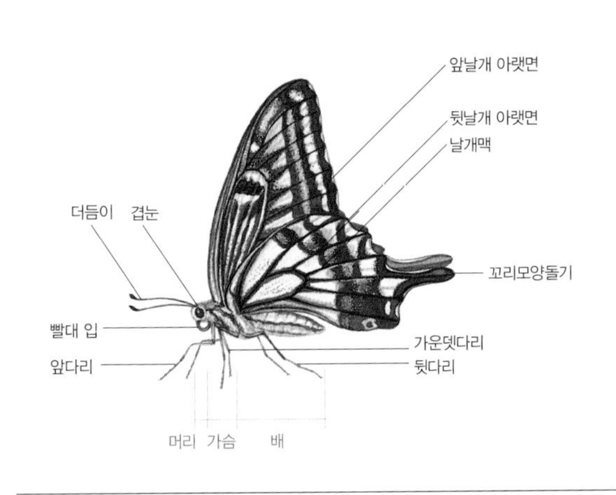
앞날개 아랫면
뒷날개 아랫면
날개맥
더듬이
겹눈
꼬리모양돌기
빨대 입
가운뎃다리
앞다리
뒷다리
머리
가슴
배

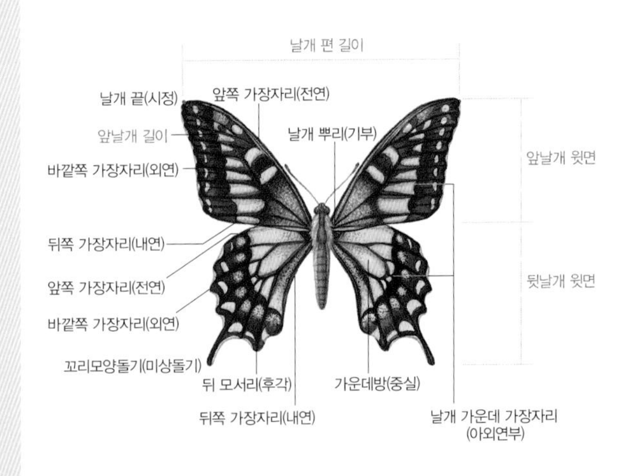
날개 편 길이
날개 끝(시정)
앞쪽 가장자리(전연)
앞날개 길이
날개 뿌리(기부)
바깥쪽 가장자리(외연)
앞날개 윗면
뒤쪽 가장자리(내연)
앞쪽 가장자리(전연)
뒷날개 윗면
바깥쪽 가장자리(외연)
꼬리모양돌기(미상돌기)
뒤 모서리(후각)
가운데방(중실)
뒤쪽 가장자리(내연)
날개 가운데 가장자리
(아외연부)

나비란 어떤 곤충인가?

곤충 가운데 나비목은 날개가 있는 곤충 무리 가운데 날개가 접히고, 갖춘탈바꿈을 하고, 비늘가루가 날개와 온몸을 덮고 있는 곤충 무리다. 비늘가루는 몸에 난 털들이 납작하게 바뀐 것인데 다른 곤충과 구별되는 가장 큰 특징이다. 나비와 나방은 서로 닮아 '나비목'이라는 한 무리로 묶는다. 나비와 나방이 가장 크게 다른 점은 더듬이 생김새다. 나비 더듬이는 끝이 곤봉처럼 부풀어 있는데, 나방 더듬이는 끝이 뾰족하다.

나비는 온 세계에 18000종에서 20000종쯤이 산다. 나비목은 48개 상과(上科, Superfamily)로 나뉜다. 나비목 가운데 나비 무리는 자나방사촌상과, 팔랑나비상과, 호랑나비상과 이렇게 3개 상과로 나눈다. 자나방사촌상과는 나방과 닮은 나비로 미국, 멕시코, 브라질, 페루 같은 곳에 살고, 우리나라에는 없다. 팔랑나비상과에는 팔랑나비과 4100종이 있다. 호랑나비상과에는 호랑나비과 570종, 흰나비과 1100종, 부전나비과 7000종, 네발나비과 6000종쯤이 있다. 나비목 가운데 나머지 45개 상과를 흔히 '나방'이라고 한다.

우리나라에는 나비가 280종쯤이 산다. 팔랑나비과 37종, 호랑나비과 16종, 흰나비과 22종, 부전나비과 79종, 네발나비과 126종쯤이 산다. 나비와 닮은 나방은 나비보다 훨씬 많아 10배가 넘는다. 나비는 우리나라에 알려진 모든 곤충 가운데 2%쯤 된다. 하지만 요즘에 새로 찾은 나비도 여러 종 있고, '길 잃은 나비'가 새롭게 보이기도 해서 수가 점점 더 늘어나 300종이 넘을 것으로 보인다.

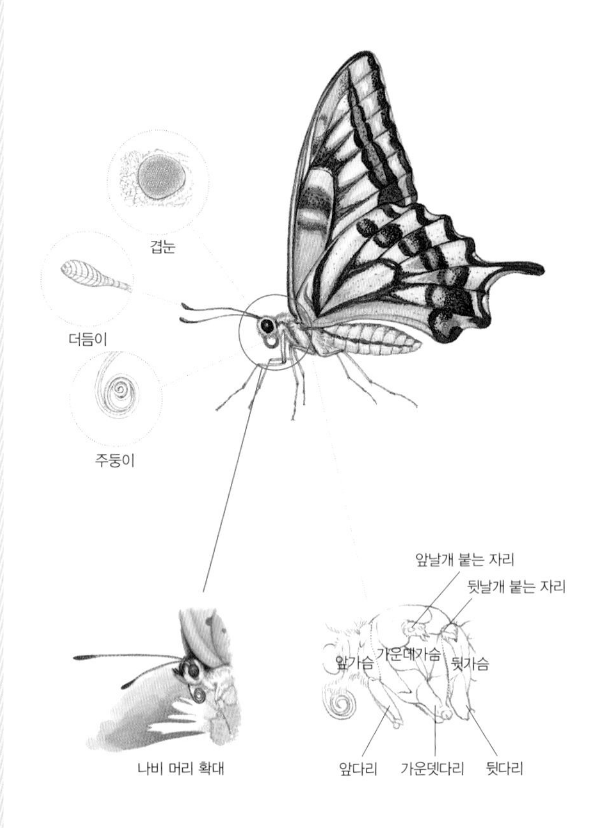

나비 머리 확대

나비 생김새

머리

머리에 있는 겹눈은 육각형으로 생긴 낱눈 수천 개가 모여 이루어진다. 반원처럼 생기고 앞으로 튀어나와 있어서 앞과 옆까지 넓게 볼 수 있다. 또 사람과 달리 가시광선뿐만 아니라 자외선도 볼 수 있다. 애벌레 때에는 입 양쪽에 참깨처럼 생긴 낱눈이 여섯 개 있다. 어른벌레가 되면 겹눈이 된다.

겹눈 안쪽으로 더듬이가 한 쌍 있다. 더듬이는 감각 신경이 있어서 방향을 잡거나 냄새와 맛을 느낄 수 있다. 더듬이는 감각 기관이 있는 첫째 마디와 둘째 마디는 굵고, 셋째 마디부터 끄트머리까지는 서로 비슷한 길이로 짧은 마디가 이어져 채찍처럼 길쭉하다. 끄트머리는 곤봉처럼 부풀었다.

빨대 입은 기다란 대롱처럼 생겼는데, 둘둘 말려 있다가 꽃에 앉으면 빙그르 풀어서 길게 뻗어 꽃꿀을 빤다. 꽃 깊숙이 있는 꿀을 빨기 때문에 입이 가늘고 길다.

가슴

가슴은 앞가슴, 가운데가슴, 뒷가슴으로 나뉘는데, 뚜렷하게 나뉘지 않는다. 가슴마다 가느다란 다리가 한 쌍씩 붙어 있다. 가운데가슴과 뒷가슴에는 날개가 한 쌍씩 붙는다. 그래서 다리와 날개가 붙어 있는 곳을 보고 앞가슴, 가운데가슴, 뒷가슴을 나눈다.

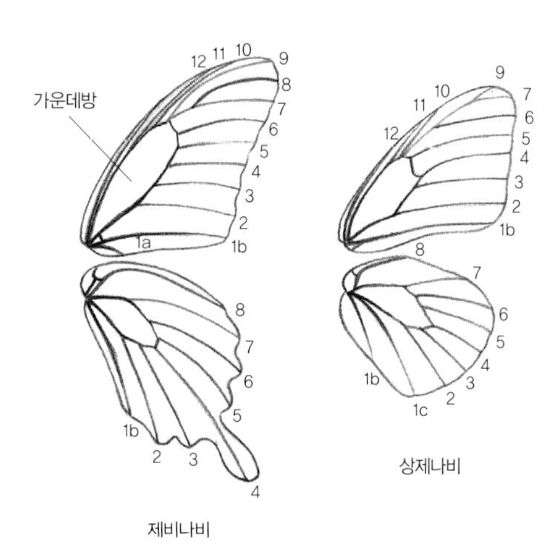

제비나비

상제나비

날개맥 번호

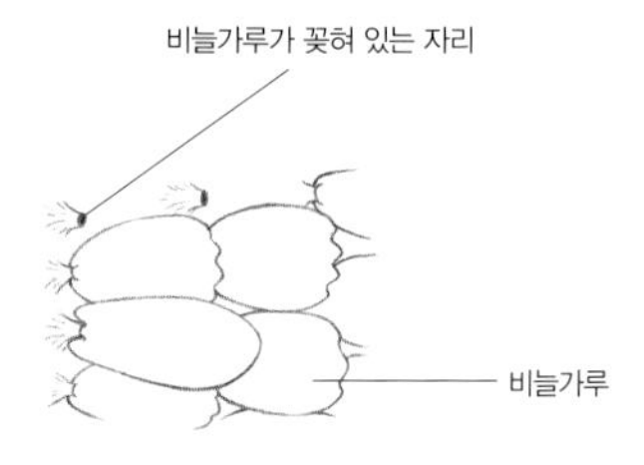

비늘가루 생김새

날개

나비 날개는 얇고 부드러워 살랑살랑 날아다닌다. 날개는 앞날개와 뒷날개로 나눈다. 거의 앞날개가 뒷날개보다 크다. 날개맥이 가지처럼 뻗었고, 수많은 비늘가루로 덮여 있다.

번데기에서 어른벌레로 날개돋이 할 때 날개맥을 따라 체액이 흘러들어 간다. 그러면서 날개가 쭉 펴진다. 날개가 다 펴지면 날개맥은 단단하게 굳어서 날개를 지탱하는 뼈대가 된다. 그래서 손으로 세게 쥐면 부러지기도 한다.

날개맥은 이리저리 뻗으면서 갈라지는데 나비마다 조금씩 다르다. 딱정벌레나 잠자리 무리와도 다르다. 날개맥은 앞날개에 12개, 뒷날개에 8개가 있다. 앞날개에 있는 날개맥 7맥과 8맥이 합쳐져 있을 때가 많아서 8맥이 안 보이기도 한다.

나비는 날개 빛깔과 무늬가 저마다 다르다. 앞날개와 뒷날개 무늬가 다르고, 윗면과 아랫면 무늬가 다르기도 하다. 무늬가 날개 어디에 어떻게 났는지 잘 살피면 어떤 나비인지 알 수 있다.

날개는 비늘가루로 덮여 있다. 비늘가루는 마치 지붕에 기왓장을 얹은 것처럼 밑부분이 조금씩 겹쳐서 나란히 놓인다. 이 비늘가루 색이나 어떻게 놓여 있는지에 따라 날개 색깔과 무늬가 만들어진다. 그리고 비늘가루 겉에는 접는 부채처럼 자잘한 홈이 나 있다. 여기에 빛이 부딪치면 이리저리 휘기 때문에 보는 방향에 따라 여러 빛깔이 아롱다롱 나타나기도 한다. 그리고 비늘가루에는 지방이 많아서 비가 와도 날개가 안 젖고 날아다닐 수 있다.

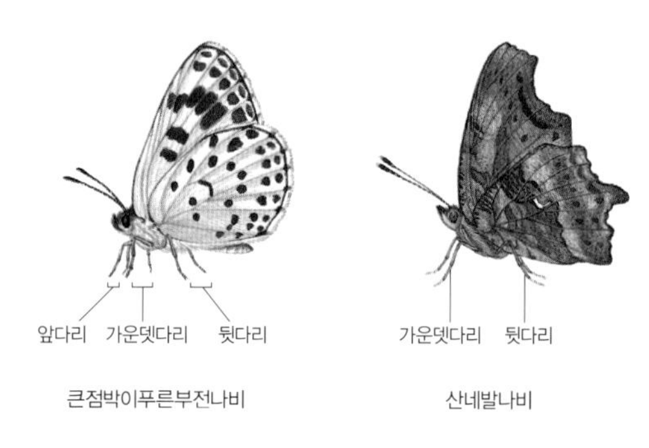

큰점박이푸른부전나비

산네발나비

다리

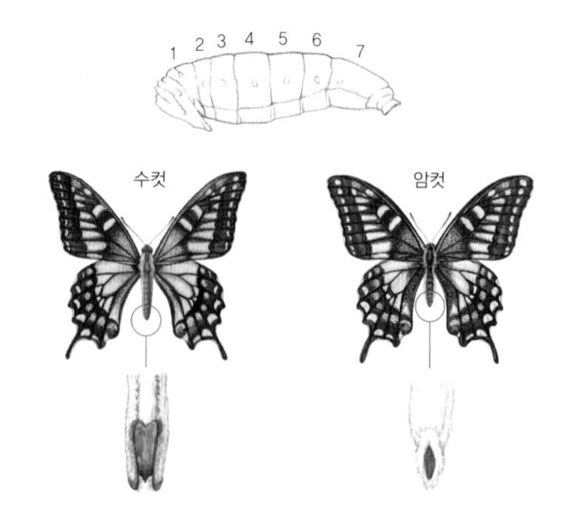

배

다리

나비 다리는 모두 여섯 개가 있다. 앞가슴, 가운데가슴, 뒷가슴에 한 쌍씩 붙어 있다. 다리는 가늘지만 튼튼해서 잘 걷는다. 하지만 네발나비 무리는 앞다리가 작게 오그라들어서 마치 다리가 두 쌍만 있는 것처럼 보인다. 그래서 네발나비 앞다리는 걷는 데 쓰지 못하고, 가운뎃다리와 뒷다리만으로 걷는다.

배

배는 열 마디로 되어 있는데 첫 마디는 가려져서 안 보인다. 또 끄트머리에 있는 아홉째와 열째 마디도 짝짓기 때 쓰는 부속기로 바뀌었다. 그래서 겉으로는 일곱 마디만 보인다. 모시나비 무리나 애호랑나비는 짝짓기를 하고 나면 수컷이 암컷 꽁무니에 끈끈한 물을 뿜어내 딱딱한 돌기를 만든다. 한자로 '수태낭'이라고 한다. 분비물이 딱딱하게 굳으면 꼭 독수리 발톱 같다. 이 돌기 때문에 암컷은 다른 수컷과 짝짓기를 또 하지 못한다.

수컷은 배 끝에 넓은 주걱처럼 생긴 '파악기'가 있다. 보통 때는 수컷 배 아래쪽 끄트머리가 길게 홈이 난 것처럼 보이는데, 짝짓기 때에는 이 파악기로 암컷 배를 꽉 붙잡는다. 핀셋으로 배 끝을 꾹 누르면 쫙 벌어지는 것이 수컷이다. 암컷은 배 끝이 조금 더 둥글고, 홈이 짧게 나 있다.

암수 생김새가 거의 똑같다.

암수 생김새가 다르다.

수 암

암검은표범나비

암컷과 수컷

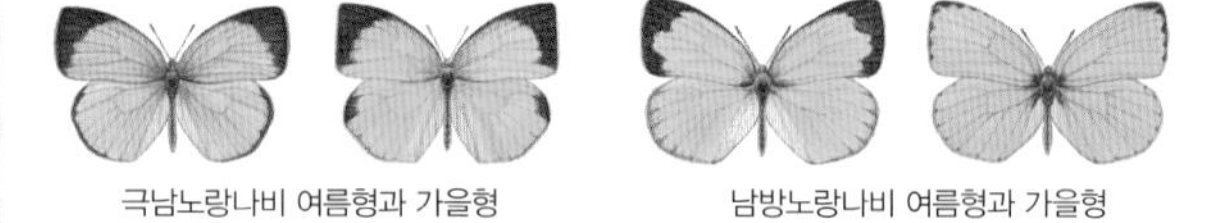

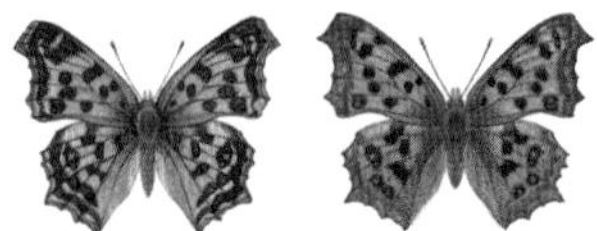

네발나비 여름형과 가을형

계절형

암컷과 수컷 그리고 계절형

나비 암컷과 수컷은 생김새와 무늬가 조금씩 다르다. 또 암수 생김새가 전혀 다른 나비도 꽤 된다. 이런 나비는 자칫하면 다른 나비로 여기기 쉽다. 또 어떤 나비는 수컷이나 암컷 날개에만 독특한 무늬나 털, 색깔이 있다. 그래서 이것으로 암수를 알아보기도 한다. 이를 한자로 '성표(性標)'라고 한다. 또 같은 종이지만 사는 곳에 따라 색깔이나 무늬가 조금씩 다른 나비가 제법 있다. 이를 한자로 '변이형'이라고 한다.

같은 나비인데도 계절에 따라 생김새가 달라지는 나비가 있다. 여름에 날개돋이 하는 극남노랑나비와 가을에 나오는 극남노랑나비는 크기나 무늬, 빛깔이 많이 다르다. 이렇게 계절에 따라 달라지는 생김새를 '계절형'이라고 한다. 나오는 때에 따라 봄형, 여름형, 가을형이라고 한다. 철마다 다른 낮 길이와 온도 때문에 이런 차이가 생긴다.

호랑나비 한살이

나비 한살이

나비는 알, 애벌레, 번데기를 거쳐 어른벌레가 된다. 번데기를 거치는 탈바꿈을 '갖춘탈바꿈'이라고 한다. 애벌레는 크면서 허물을 벗고 탈바꿈을 할 때마다 생김새나 몸집이 바뀐다. 이렇게 생김새가 다른 애벌레 시기를 '령'이라고 한다. 많은 나비가 5령을 거치며 큰다.

나비는 흔히 애벌레가 먹을 풀이나 나무에 알을 낳는다. 그래야 알에서 깬 애벌레가 잎을 갉아 먹고 클 수 있다. 애벌레는 길쭉하게 생겼다. 꿈틀꿈틀 기어 다니면서 열심히 잎을 갉아 먹는다. 애벌레는 몸 앞쪽에 가슴다리가 세 쌍 있고, 몸 뒤쪽에 배다리가 있다. 배다리는 다섯 쌍을 넘지 않는다. 날개돋이 하면 가슴다리는 다리 세 쌍이 되고, 배다리는 없어진다. 애벌레 몸빛은 저마다 다르다. 풀이나 나뭇잎에 감쪽같이 숨는 몸빛을 가진 애벌레도 있고, 오히려 눈에 잘 띄는 몸빛으로 독이 있다고 알리는 애벌레도 있다. 호랑나비 애벌레처럼 몸에서 고약한 냄새를 뿜어내기도 한다. 애벌레는 잎을 갉아 먹기 때문에 입이 집게처럼 생겼다.

번데기가 되면 겉이 딱딱해지고 꼼짝을 못 한다. 그래서 눈에 안 띄는 빛깔을 띠거나 안전한 곳을 찾아 번데기가 된다. 한두 주쯤 지나면 번데기가 갈라지면서 어른벌레가 나온다.

어른벌레와 애벌레는 생김새가 전혀 다르다. 날개도 생기고 입은 꿀을 빨기 좋게 길쭉한 빨대처럼 생겼다. 여기저기 날아다니면서 꽃꿀을 빨다가 짝짓기를 하고 다시 알을 낳는다. 암컷과 수컷은 서로 거꾸로 앉아 꽁무니를 맞대고 짝짓기를 한다. 어른이 되면 한두 달쯤 살다가 죽는다.

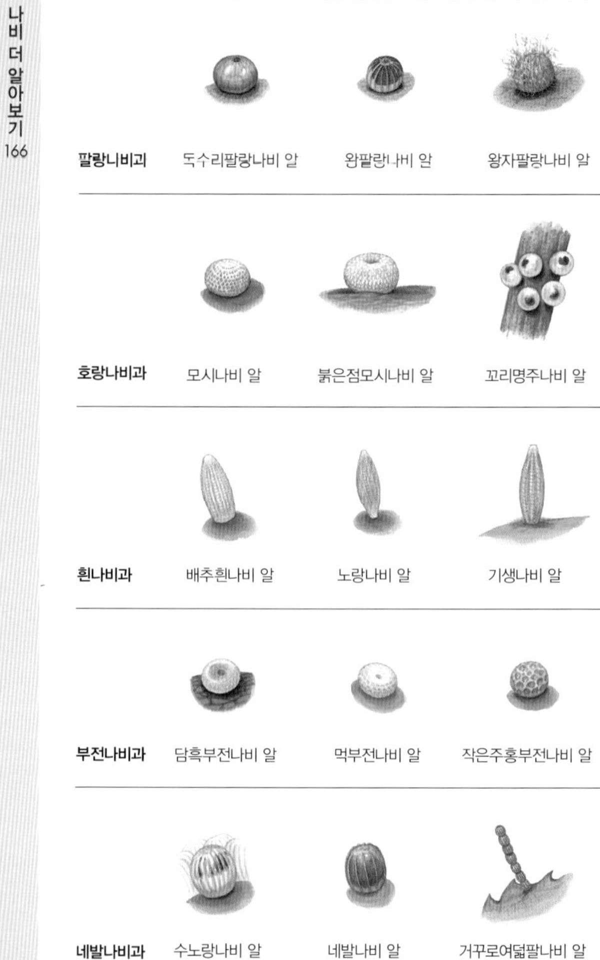
팔랑나비과
도수리팔랑나비 알
왕팔랑나비 알
왕자팔랑나비 알
호랑나비과
모시나비 알
붉은점모시나비 알
꼬리명주나비 알
흰나비과
배추흰나비 알
노랑나비 알
기생나비 알
부전나비과
담흑부전나비 알
먹부전나비 알
작은주홍부전나비 알
네발나비과
수노랑나비 알
네발나비 알
거꾸로여덟팔나비 알

알

짝짓기를 마친 암컷은 알을 하나씩 낳기도 하고, 무더기로 낳기도 한다. 또 수노랑나비나 거꾸로여덟팔나비는 알을 탑처럼 쌓는다. 알은 잎 앞이나 뒤, 어린 가지, 새순에 낳는다. 담색긴꼬리부전나비는 참나무 껍질 틈에 알을 낳는다. 귤빛부전나비는 알을 낳은 뒤에 배에 난 털을 알에 붙여 덮는다.

나비 알은 무리마다 생김새나 빛깔이 다르다. 팔랑나비 무리 알은 거의 밑이 넓적한 공처럼 생기거나 호빵처럼 생겼다. 또 알에 세로줄이 열 줄쯤 나 있다. 빛깔은 누런 풀색, 연한 누런색을 띤다.

호랑나비 무리 알은 저마다 모습이 다르다. 모시나비나 붉은점모시나비 알은 위쪽 가운데가 움푹 들어간 곰보빵처럼 생겼지만, 호랑나비와 제비나비는 겉이 매끈한 공처럼 생겼고, 노랗거나 하얗다. 호랑나비와 제비나비는 열흘 안팎이면 알에서 애벌레가 깬다.

흰나비 무리 알은 총알처럼 생겼다. 처음에는 하얗거나 노랗다가 누런 밤색이나 밤색으로 바뀔 때가 많다. 두 주쯤 지나면 알이 깬다.

부전나비 무리 알은 거의 위쪽 가운데가 움푹 들어간 찐빵처럼 생겼다. 가까이 들여다보면 겉에 작은 돌기들이 빽빽이 돋아났다.

네발나비 무리 알은 고깔이나 대추알처럼 생기거나 공처럼 둥글다. 빛깔도 연한 풀빛이거나 흰색, 옅은 노란색처럼 여러 가지다.

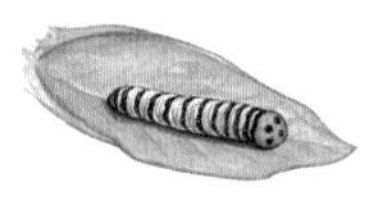
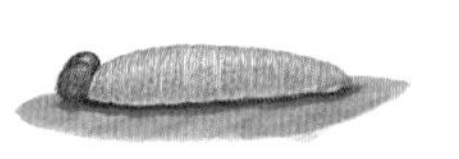

팔랑나비과 푸른큰수리팔랑나비 애벌레 멧팔랑나비 애벌레

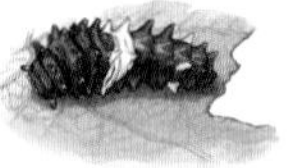

호랑나비과 모시나비 종령 애벌레 꼬리명주나비 종령 애벌레 사향제비나비 애벌레

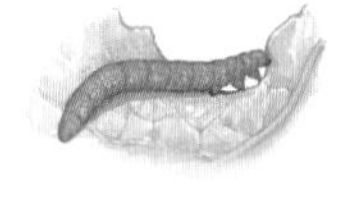

흰나비과 배추흰나비 애벌레 노랑나비 애벌레 갈구리나비 애벌레

부전나비과 뾰족부전나비 애벌레 쌍꼬리부전나비 애벌레

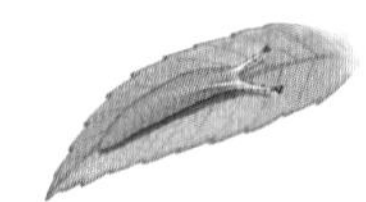
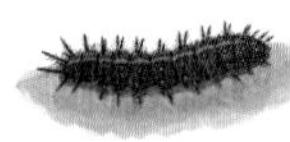
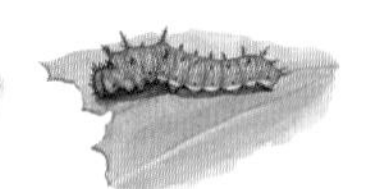

네발나비과 황오색나비 애벌레 암끝검은표범나비 애벌레 줄나비 애벌레

애벌레

나비 애벌레는 대부분 식물만 먹는다. 딱딱한 턱으로 자신이 좋아하는 식물을 갉아 먹는데, 몇몇 애벌레는 개미나 진딧물과 함께 더불어 살기도 한다. 우리나라 나비 280종 가운데 어떤 것을 먹고 사는지 알려진 나비 애벌레는 220종이다. 이 가운데 201종은 식물만 먹고, 식물을 갉아 먹으면서 개미와 더불어 사는 종이 12종, 개미에게서만 먹이를 얻는 종이 4종이다. 또 다른 동물을 잡아먹는 애벌레도 3종 있다.

팔랑나비 무리 애벌레는 거의 머리가 빨간 밤빛이거나 까맣다. 몸은 불그스름한 풀빛에 긴 옆줄 무늬가 있다. 먹이로 삼는 식물 잎을 엮어 그 속에 들어가 잎을 갉아 먹다가 번데기가 된다. 팔랑나비 무리 가운데 16종이 벼과 식물을 먹는다. 호랑나비 무리 애벌레 가운데 7종이 귤나무나 황벽나무, 유자나무, 산초나무 같은 운향과 식물을 먹는다. 흰나비 무리 애벌레는 가늘고 긴 원통처럼 생겼다. 거의 풀색을 띠고, 때때로 가로 줄무늬가 있다. 흰나비 무리 가운데 6종이 십자화과나 콩과 식물 잎을 갉아 먹는다.

부전나비 무리 애벌레는 거의 길쭉한 원통처럼 생겼는데 배는 넓적하고 등은 볼록하게 부풀어 있다. 부전나비 무리 가운데 20종이 참나무과 잎을 갉아 먹는다. 네발나비 무리는 머리와 몸에 돌기가 튀어나온 애벌레가 많다. 몸빛이나 크기는 저마다 다르다. 네발나비 애벌레 가운데 15종이 느릅나무과와 제비꽃과 식물을 갉아 먹는다. 홍줄나비 애벌레는 다른 나비와 달리 소나무와 잣나무 잎을 갉아 먹는다.

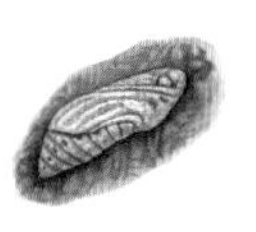

팔랑나비과 독수리팔랑나비 번데기 왕지팔랑나비 번데기 멧팔랑나비 번데기

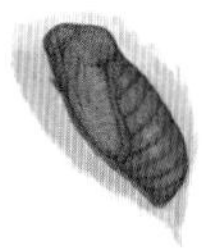
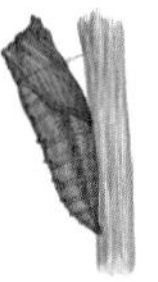
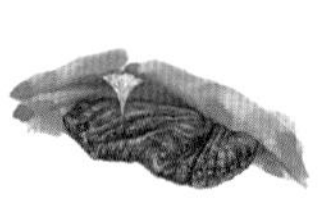

호랑나비과 붉은점모시나비 번데기 꼬리명주나비 번데기 애호랑나비 번데기

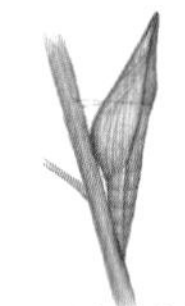
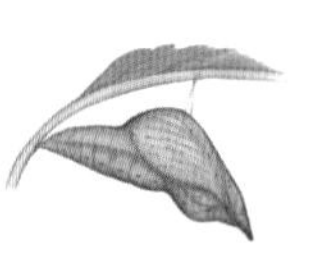
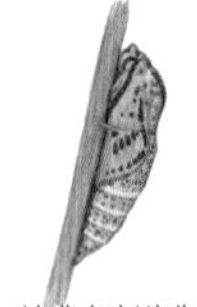

흰나비과 기생나비 번데기 멧노랑나비 번데기 상제나비 번데기

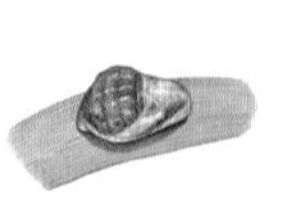

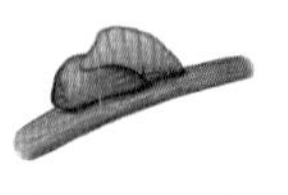

부전나비과 바둑돌부전나비 번데기 암먹부전나비 번데기 선녀부전나비 번데기

네발나비과 뿔나비 번데기 왕나비 번데기 거꾸로여덟팔나비 번데기

번데기

애벌레는 어른벌레로 날개돋이를 하려고 번데기가 된다. 번데기가 되면 겉이 딱딱해지고 꼼짝을 못 한다. 번데기로 지내는 기간은 저마다 다른데, 대개 한두 주쯤 지나면 번데기가 갈라지면서 어른벌레가 나온다.

팔랑나비 무리 애벌레는 대부분 자기가 먹는 잎을 실로 엮어 집을 만들고 그 속에 들어가 번데기가 된다. 번데기는 흔히 머리 쪽이 길게 뾰족하고, 까만 밤색을 띤다.

호랑나비 무리는 거의 번데기로 겨울을 난다. 다 자란 애벌레가 번데기가 될 때는 고치 가운데쯤을 식물 줄기에 실로 둘러 흔들리지 않게 꼭 묶는다.

흰나비 무리도 고치 가운데를 실로 둘러 묶어 식물 줄기에 딱 붙어 있다. 거의 모든 번데기가 머리와 배 끝이 가늘고 뾰족해서 옆에서 보면 긴 삼각형처럼 보인다.

거의 모든 부전나비 무리 번데기는 위에서 보면 허리가 잘록하고, 옆에서 보면 배가 불룩하다. 네발나비 무리 번데기는 매끈하거나 배 쪽에 돌기가 있다. 먹이로 삼는 식물이나 그 둘레에 배 끝을 붙이고 거꾸로 매달린다.

큰수리팔랑나비 나무에서 흘러나오는 나뭇진을 빨아 먹는다.

흑백알락나비 바닥에 앉아 물을 잘 빨아 먹는다.

멧팔랑나비 이른 봄에 땅바닥에 내려앉아 햇볕을 잘 쬔다.

겨울을 난 각시멧노랑나비 어른벌레로 겨울을 난 각시멧노랑나비는 대부분 날개가 해어진다.

뿔나비 땅에 내려앉아 물을 빨기도 한다.

노랑나비 가을에 도시공원에서도 쉽게 볼 수 있다. 서양민들레, 개망초, 엉겅퀴 같은 여러 꽃에 잘 모인다.

번개오색나비 짐승 똥이나 새우젓에도 잘 모인다.

독수리팔랑나비 짐승 똥이나 말린 생선에도 잘 모인다.

어른벌레

나비 어른벌레는 용수철처럼 돌돌 말 수 있는 빨대 입을 쭉 뻗어 꽃꿀이나 나뭇진, 과일즙 따위를 빨아 먹는다. 때때로 짝짓기에 필요한 무기염을 많이 모으려고 물을 빨아 먹기도 하고, 짐승 똥에서 영양분을 얻기도 한다. 나비 어른벌레는 저마다 여러 가지 식물에서 꿀을 빠는데, 나비 사는 곳과 깊은 관계가 있다.

팔랑나비 무리는 거의 낮에 날아다니는데, 큰수리팔랑나비처럼 늦은 오후부터 해거름까지 힘차게 날아다니는 나비도 있다. 암수 모두 꽃에서 꿀을 빨고, 수컷은 축축한 땅바닥에 모여 물을 빨아 먹기도 한다. 호랑나비 무리와 흰나비 무리도 모두 꽃꿀을 빨고, 수컷은 축축한 땅바닥에 모여 물을 빨아 먹기도 한다. 들판부터 높은 산까지 어디서나 볼 수 있고, 봄부터 가을까지 날아다닌다.

부전나비 무리는 대부분 낮에 나무 높은 곳에서 기운차게 날아다니는데, 검정녹색부전나비 같은 몇몇 종은 흐린 날이나 늦은 오후에도 기운차게 날아다닌다. 거의 모든 어른벌레가 꽃꿀을 빨고, 수컷은 축축한 땅바닥에 모여 물을 빨아 먹기도 한다. 들판부터 높은 산까지 여러 곳에서 볼 수 있고, 이른 봄부터 늦가을까지 날아다닌다. 네발나비 무리는 낮에 기운차게 날아다닌다. 꽃꿀을 빨거나 나뭇진을 빨아 먹고, 축축한 땅바닥에 모여 물을 빨아 먹고, 몇몇 나비는 동물 똥에도 잘 모인다. 들판부터 높은 산까지 여러 곳에서 살고, 이른 봄부터 늦가을까지 볼 수 있다.

3월 말부터 4월 중순

산등성이나 산꼭대기

뿔나비

산길

뿔나비

네발나비

청띠신선나비

산길 둘레 풀밭

멧팔랑나비

네발나비

4월 말부터 5월 초

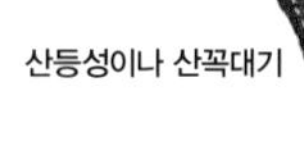

산등성이나 산꼭대기

호랑나비

산호랑나비

제비나비

산길 둘레 풀밭

애호랑나비

모시나비

갈구리나비

골짜기 바위

유리창나비

골짜기 모래밭

흑백알락나비

나비 나오는 때

봄

봄에는 햇볕이 따스한 맑은 날에 나비를 보러 가는 것이 좋다. 또 높은 산보다는 낮은 산언저리를 찾아다녀야 더 많은 봄 나비를 볼 수 있다. 어른벌레로 겨울을 난 뿔나비, 네발나비, 청띠신선나비와 이른 봄에 날개돋이 한 멧팔랑나비 같은 나비를 볼 수 있다. 남부 지방에서는 어른벌레로 겨울을 난 남방노랑나비, 극남노랑나비도 보이고, 각시멧노랑나비와 멧노랑나비 같은 나비는 몇몇 곳에서만 볼 수 있다.

4월 25일 안팎이나 5월 첫 주가 되면 더 많은 나비가 보인다. 봄에만 볼 수 있는 유리창나비는 4월 말부터 5월 초 맑은 날에 숲이 우거진 골짜기 둘레를 날아다닌다. 수컷은 아침에 물을 빨려고 축축한 땅바닥에 잘 앉아 있고, 골짜기 둘레 바위에서 햇볕을 쬔다. 모시나비는 산속 풀밭이나 숲 가장자리를 천천히 날아다닌다. 애호랑나비는 다른 호랑나비보다 이른 봄에 나오기 때문에 때를 잘 맞춰야 한다.

날씨가 맑은 봄날 한낮에는 산등성이나 산꼭대기에 호랑나비, 산호랑나비, 제비나비가 텃세를 부리며 몰려든다. 또 흑백알락나비는 5월 15일 앞뒤로 팽나무가 많은 산을 찾아가면 볼 수 있다.

우리나라에서 애호랑나비, 갈구리나비, 모시나비, 붉은점모시나비, 유리창나비는 봄에만 볼 수 있는 나비다. 이때를 놓치면 한 해를 더 기다려야 한다.

참나무 숲

귤빛부전나비

물빛긴꼬리부전나비

담색긴꼬리부전나비

참나무부전나비

큰까치수염 꽃이 핀 산길 둘레

산은줄표범나비

산수풀떠들썩팔랑나비

골짜기 축축한 곳

황세줄나비

은판나비

뿔나비

개망초가 핀 숲 가장자리나 풀밭

참까마귀부전나비

여름

은줄표범나비

멧노랑나비

들신선나비

여름잠을 자는 나비

여름

여름에는 봄보다 더 많은 나비를 볼 수 있다. 녹색부전나비 무리는 6월 10일에서 20일쯤 참나무가 빽빽이 우거진 숲을 아침 일찍 찾아가면 볼 수 있다. 한낮에 가면 나무 높은 곳에서 날아다니기 때문에 보기 어렵다. 까마귀부전나비 무리는 6월 말에서 7월 초에 강원도 산에 핀 개망초 꽃밭을 찾아가면 볼 수 있다. 산은줄표범나비 같은 표범나비 무리나 산수풀떠들썩팔랑나비 같은 팔랑나비 무리는 큰까치수염 꽃이 피는 7월 중순 앞뒤로 높은 산에 가면 쉽게 볼 수 있다. 황세줄나비, 은판나비, 은줄표범나비, 뿔나비처럼 무리 지어 물을 빠는 나비들은 골짜기 둘레나 땅바닥이 축축이 젖은 산길을 찾아가면 가끔 한곳에서 수백 마리씩 볼 수도 있다. 이렇듯 나비마다 볼 수 있는 때와 장소가 조금씩 다르니까 미리 알아 두고 찾아가는 것이 좋다. 잘 모를 때는 6월 말부터 7월 초까지는 강원도, 7월 중순부터 8월에는 남부 지방으로 가면 여러 나비를 볼 수 있다.

여름이 되면 잠을 자는 나비도 있다. 나뭇잎 뒤나 그늘진 곳에 붙어 잠을 자며 꼼짝을 안 한다. 가을이 되어 서늘해지면 다시 나와서 돌아다닌다. 뿔나비, 은줄표범나비, 구름표범나비, 은점표범나비, 멧노랑나비, 들신선나비 따위가 여름잠을 잔다.

배추흰나비

작은멋쟁이나비

줄점팔랑나비

노랑나비

네발나비

가을 꽃 핀 들판

각시멧노랑나비

네발나비

멧노랑나비

들신선나비

청띠신선나비

겨울 어른벌레로 겨울을 나는 나비

가을

배추흰나비처럼 한 해에 여러 번 날개돋이 하는 몇몇 종을 빼면 여름에 나온 나비들을 가을까지 볼 수 있다. 작은멋쟁이나비, 줄점팔랑나비, 남방부전나비, 노랑나비, 네발나비 같은 나비는 여름과 달리 무리 지어 물을 빠는 모습은 볼 수 없지만, 꽃에서 수백 마리씩 무리 지어 꽃꿀을 빤다. 또 남방부전나비 같은 나비는 무리 지어 짝짓기를 한다. 썩은 감이나 배처럼 썩은 과일에도 여러 가지 나비가 무리 지어 모인다. 가을에는 강원도 같은 중부 지방보다는 제주도나 남해안 같은 남부 지방으로 가면 나비를 많이 볼 수 있다. 이때는 '길 잃은 나비'도 제법 볼 수 있다.

겨울

호랑나비 무리는 거의 번데기로 겨울을 난다. 흰나비 무리에서 각시멧노랑나비, 멧노랑나비, 극남노랑나비, 남방노랑나비는 어른벌레로 겨울을 나고 나머지는 번데기로 겨울을 난다. 부전나비과 무리는 알이나 번데기로 겨울을 난다. 네발나비 무리에서 뿔나비와 네발나비, 산네발나비, 들신선나비, 청띠신선나비는 어른벌레로 겨울을 나고, 다른 나비들은 거의 종령 애벌레나 번데기로 겨울을 난다.

나비 사는 곳

어디에나 사는 나비

늦봄부터 가을 들머리까지 배추흰나비, 노랑나비, 암먹부전나비, 푸른부전나비, 네발나비, 호랑나비 같은 스무 종쯤 되는 나비는 온 나라 어디에서나 들판부터 산꼭대기까지 고루 나타나고 수도 많다. 산에 갈 때는 숲 가장자리를 먼저 찾아가는 게 좋다. 어두운 숲속에서는 그늘나비 무리를 볼 수 있다.

하지만 풀밭이나 골짜기, 숲 가장자리, 숲속, 산처럼 사는 곳에 따라 나타나는 나비가 달라지기도 한다. 그래서 나비를 처음 만나러 갈 때는 꽃이 많이 핀 풀밭이나 한두 시간 안팎에 꼭대기까지 올라갈 수 있는 낮은 산에 가는 것이 좋다.

배추흰나비 노랑나비 푸른부전나비
호랑나비 네발나비 암먹부전나비

풀밭과 산

배추흰나비, 노랑나비, 암먹부전나비, 조흰뱀눈나비, 굴뚝나비, 돈무늬팔랑나비, 부처나비 같은 나비는 풀밭에 산다. 은판나비, 왕오색나비, 황세줄나비, 먹그림나비, 유리창나비, 흑백알락나비, 홍줄나비 같은 나비는 숲 가장자리나 울창한 숲에서 보인다. 하지만 산에 산다고 어디에서나 보이는 것은 아니다. 배추흰나비는 온 나라 어디에서나 볼 수 있지만, 홍줄나비는 강원도 몇몇 곳에서만 드물게 볼 수 있다.

풀밭에 사는 나비

산에 사는 나비

따뜻한 곳과 추운 곳

우리나라는 겨울이 추운 온대 지역에 들기 때문에 거의 모든 나비들이 추운 곳에 살기 알맞게 바뀌었다. 네발나비, 청띠신선나비, 들신선나비, 뿔나비, 각시멧노랑나비, 멧노랑나비 같은 나비는 어른벌레로 겨울을 날 정도로 추위를 잘 견딘다. 애호랑나비, 멧팔랑나비 같은 나비도 추위가 채 가시지 않은 이른 봄에 많이 나타난다.

청띠제비나비, 암끝검은표범나비, 남방노랑나비, 흰뱀눈나비, 물결부전나비는 따뜻한 날씨를 좋아한다. 그래서 청띠제비나비를 보려면 남해 바닷가나 제주도를 찾아가야 한다.

길 잃은 나비

'길 잃은 나비'는 우리나라에서 살지 않고, 큰 바람이나 태풍을 타고 우리나라에 오는 나비다. 멤논제비나비, 연노랑흰나비, 뾰족부전나비, 대만왕나비, 별선두리왕나비, 큰먹나비, 남방공작나비, 암붉은오색나비, 돌담무늬나비, 중국은줄표범나비 같은 나비가 '길 잃은 나비'다. 거의 따뜻한 남쪽에서 날아온다. 그 가운데 소철꼬리부전나비는 우리나라에서 날개돋이 하면서 눌러살게 되었다. 우리나라 날씨가 점점 따뜻해지면서 눌러사는 나비도 조금씩 늘어나고 있다.

멸종위기나비

나비에 따라 볼 수 있는 곳이 아주 드문 나비도 있다. 우리나라에서는 중요하거나 아주 드문 나비를 보호종으로 정해서 지키고 있다. 남녘에서 천연기념물이자 멸종위기야생동물 I급으로 정한 산굴뚝나비는 1400m보다 높은 곳에서만 산다. 하지만 지리산이나 설악산 높은 봉우리에서는 볼 수 없고 제주도 한라산에만 산다.

천연기념물 제458호

산굴뚝나비

멸종위기야생동물 I급

상제나비

산굴뚝나비

멸종위기야생동물 II급

큰수리팔랑나비

붉은점모시나비

큰홍띠점박이푸른부전나비

깊은산부전나비

쌍꼬리부전나비

왕은점표범나비

국외반출승인대상생물종

몇몇 나비들은 수가 아주 적거나 우리나라에서 귀하게 여기기 때문에 함부로 나라 밖으로 가지고 나갈 수 없다. 이런 나비를 '국외반출승인대상생물종'이라고 한다. 독수리팔랑나비, 대왕팔랑나비, 산꼬마부전나비, 꼬리명주나비, 오색나비, 홍줄나비, 어리세줄나비 따위가 있다.

국외반출승인대상생물종

독수리팔랑나비

산꼬마부전나비

대왕팔랑나비

꼬리명주나비

오색나비

홍줄나비

어리세줄나비

남녘과 북녘 이름 비교

남녘	북녘
팔랑나비과	**희롱나비과**
독수리팔랑나비	독수리희롱나비
큰수리팔랑나비	수리희롱나비
푸른큰수리팔랑나비	푸른희롱나비
왕팔랑나비	큰검은희롱나비
왕자팔랑나비	꼬마금강희롱나비
대왕팔랑나비	금강희롱나비
멧팔랑나비	멧희롱나비
흰점팔랑나비	알락희롱나비
꼬마흰점팔랑나비	꼬마알락희롱나비
수풀알락팔랑나비	수풀알락점희롱나비
참알락팔랑나비	알락점희롱나비
돈무늬팔랑나비	노랑별희롱나비
은줄팔랑나비	은줄희롱나비
줄꼬마팔랑나비	검은줄희롱나비
수풀꼬마팔랑나비	수풀검은줄희롱나비
꽃팔랑나비	은점꽃희롱나비
수풀떠들썩팔랑나비	수풀노랑희롱나비
산수풀떠들썩팔랑나비	없음
검은테떠들썩팔랑나비	검은테노랑희롱나비
유리창떠들썩팔랑나비	유리창노랑희롱나비
황알락팔랑나비	노랑알락희롱나비
줄점팔랑나비	한줄꽃희롱나비
산줄점팔랑나비	멧꽃희롱나비
제주꼬마팔랑나비	제주꽃희롱나비
흰줄점팔랑나비	없음
산팔랑나비	큰한줄꽃희롱나비
지리산팔랑나비	가는날개희롱나비
파리팔랑나비	별희롱나비

남녘	북녘
호랑나비과	**범나비과**
모시나비	모시범나비
붉은점모시나비	붉은점모시범나비
꼬리명주나비	꼬리범나비
애호랑나비	애기범나비
호랑나비	범나비
산호랑나비	노랑범나비
제비나비	검은범나비
산제비나비	산검은범나비
긴꼬리제비나비	긴꼬리범나비
무늬박이제비나비	노랑무늬범나비
멤논제비나비	없음
남방제비나비	먹범나비
사향제비나비	사향범나비
청띠제비나비	파란줄범나비

남녘	북녘
흰나비과	흰나비과
기생나비	애기흰나비
북방기생나비	북방애기흰나비
노랑나비	노랑나비
남방노랑나비	애기노랑나비
극남노랑나비	남방애기노랑나비
멧노랑나비	갈구리노랑나비
각시멧노랑나비	봄갈구리노랑나비
새연주노랑나비	없음
연노랑흰나비	없음
상제나비	산흰나비
줄흰나비	줄흰나비
큰줄흰나비	큰줄흰나비
대만흰나비	작은흰나비
배추흰나비	흰나비
풀흰나비	알락흰나비
갈구리나비	갈구리흰나비

남녘	북녘
부전나비과	숫돌나비과
뾰족부전나비	없음
바둑돌부전나비	바둑무늬숫돌나비
담흑부전나비	검은숫돌나비
남색물결부전나비	없음
물결부전나비	물결숫돌나비
남방부전나비	남방숫돌나비
극남부전나비	큰남방숫돌나비
암먹부전나비	제비숫돌나비
먹부전나비	검은제비숫돌나비
푸른부전나비	물빛숫돌나비
산푸른부전나비	작은물빛숫돌나비
회령푸른부전나비	회령물빛숫돌나비
한라푸른부전나비	없음
작은홍띠점박이푸른부전나비	작은붉은띠숫돌나비
큰홍띠점박이푸른부전나비	큰붉은띠숫돌나비
큰점박이푸른부전나비	점배기숫돌나비
고운점박이푸른부전나비	고운점배기숫돌나비
북방점박이푸른부전나비	없음
소철꼬리부전나비	없음
산꼬마부전나비	숫돌나비
부전나비	물빛점무늬숫돌나비
산부전나비	산숫돌나비
작은주홍부전나비	붉은숫돌나비
큰주홍부전나비	큰붉은숫돌나비
선녀부전나비	깊은산숫돌나비
붉은띠귤빛부전나비	참귤빛숫돌나비
금강산귤빛부전나비	금강산귤빛숫돌나비
민무늬귤빛부전나비	민무늬귤빛숫돌나비
암고운부전나비	암귤빛꼬리숫돌나비
깊은산부전나비	은빛숫돌나비
시가도귤빛부전나비	물결귤빛숫돌나비

남녘	북녘
부전나비과	**숫돌나비과**
귤빛부전나비	귤빛숫돌나비
긴꼬리부전나비	긴꼬리숫돌나비
물빛긴꼬리부전나비	물빛긴꼬리숫돌나비
담색긴꼬리부전나비	연한색긴꼬리숫돌나비
참나무부전나비	참나무꼬리숫돌나비
작은녹색부전나비	작은푸른숫돌나비
큰녹색부전나비	큰푸른숫돌나비
깊은산녹색부전나비	없음
금강산녹색부전나비	금강푸른숫돌나비
은날개녹색부전나비	은무늬푸른숫돌나비
넓은띠녹색부전나비	넓은띠푸른숫돌나비
산녹색부전나비	참푸른숫돌나비
검정녹색부전나비	검은푸른숫돌나비
암붉은점녹색부전나비	암붉은점푸른꼬리숫돌나비
북방녹색부전나비	북방푸른꼬리숫돌나비
남방녹색부전나비	없음
울릉범부전나비	없음
범부전나비	범숫돌나비
남방남색꼬리부전나비	없음
남방남색부전나비	없음
민꼬리까마귀부전나비	참먹숫돌나비
벚나무까마귀부전나비	큰사과먹숫돌나비
북방까마귀부전나비	북방먹숫돌나비
까마귀부전나비	먹숫돌나비
참까마귀부전나비	큰먹숫돌나비
꼬마까마귀부전나비	사과먹숫돌나비
쇳빛부전나비	쇳빛숫돌나비
북방쇳빛부전나비	없음
쌍꼬리부전나비	쌍꼬리숫돌나비

남녘	북녘
네발나비과	**메나비과**
뿔나비	뿔나비
왕나비	알락나비
별선두리왕나비	별무늬두리알락나비
끝검은왕나비	끝검은알락나비
먹나비	남방뱀눈나비
큰먹나비	없음
먹그늘나비	먹그늘나비
먹그늘나비붙이	검은그늘나비
왕그늘나비	큰뱀눈나비
알락그늘나비	얼럭그늘나비
황알락그늘나비	없음
눈많은그늘나비	암뱀눈나비
뱀눈그늘나비	암흰뱀눈나비
부처나비	큰애기뱀눈나비
부처사촌나비	애기뱀눈나비
도시처녀나비	흰띠애기뱀눈나비
봄처녀나비	애기그늘나비
시골처녀나비	노랑애기뱀눈나비
외눈이지옥나비	노랑높은산뱀눈나비
외눈이지옥사촌나비	외눈이산뱀눈나비
가락지나비	참산뱀눈나비
흰뱀눈나비	흰뱀눈나비
조흰뱀눈나비	참흰뱀눈나비
굴뚝나비	뱀눈나비
산굴뚝나비	씨비리뱀눈나비
함경산뱀눈나비	함경산뱀눈나비
참산뱀눈나비	산뱀눈나비
물결나비	물결뱀눈나비
석물결나비	참물결뱀눈나비
애물결나비	작은물결뱀눈나비
거꾸로여덟팔나비	팔자나비
북방거꾸로여덟팔나비	작은팔자나비
작은멋쟁이나비	애기붉은수두나비
큰멋쟁이나비	붉은수두나비

남녘	북녘
네발나비과	메나비과
신선나비	노랑깃수두나비
들신선나비	멧나비
갈구리신선나비	붉은밤색수두나비
청띠신선나비	파란띠수두나비
쐐기풀나비	쐐기풀나비
공작나비	공작나비
남방공작나비	남방공작나비
남방남색공작나비	남방남색공작나비
네발나비	노랑수두나비
산네발나비	밤색노랑수두나비
남방오색나비	남방오색나비
암붉은오색나비	암붉은오색나비
금빛어리표범나비	금빛표문번티기
봄어리표범나비	없음
여름어리표범나비	여름표문번티기
담색어리표범나비	연한색표문번티기
암암어리표범나비	암표문번티기
돌담무늬나비	없음
먹그림나비	먹그림나비
오색나비	오색나비
황오색나비	노랑오색나비
번개오색나비	산오색나비
밤오색나비	띠오색나비
왕오색나비	왕오색나비
은판나비	은오색나비
수노랑나비	수노랑오색나비
유리창나비	유리창나비
흑백알락나비	흰점알락나비
홍점알락나비	붉은점알락나비
대왕나비	감색얼룩나비
작은은점선표범나비	작은은점선표범나비
큰은점선표범나비	큰은점선표범나비
산꼬마표범나비	가는날개표범나비

남녘	북녘
네발나비과	메나비과
작은표범나비	작은표문나비
큰표범나비	큰표문나비
은줄표범나비	은줄표문나비
산은줄표범나비	큰은줄표문나비
구름표범나비	구름표문나비
은점표범나비	은점표문나비
긴은점표범나비	긴은점표문나비
왕은점표범나비	왕은점표문나비
풀표범나비	은별표문나비
암끝검은표범나비	암끝검정표문나비
암검은표범나비	암검은표문나비
흰줄표범나비	흰줄표문나비
큰흰줄표범나비	큰흰줄표문나비
줄나비	한줄나비
왕줄나비	큰한줄나비
굵은줄나비	넓은한줄나비
참줄나비	산한줄나비
참줄나비사촌	높은산한줄나비
제일줄나비	참한줄나비
제이줄나비	제이한줄나비
제삼줄나비	가는한줄나비
애기세줄나비	작은세줄나비
세줄나비	세줄나비
참세줄나비	산세줄나비
두줄나비	두줄나비
별박이세줄나비	별세줄나비
높은산세줄나비	높은산세줄나비
왕세줄나비	큰세줄나비
홍줄나비	붉은점한줄나비
어리세줄나비	검은세줄나비
산황세줄나비	작은노랑세줄나비
황세줄나비	노랑세줄나비
중국황세줄나비	북방노랑세줄나비

찾아보기

학명 찾아보기

A

B

C

D

E

F

G

H

J

K

L

M

N

O

P

R

S

T

U

V

W

Y

우리말 찾아보기

가

나

다

마

바

사

아

자

차

카

파

하

참고한 책

단행본과 논문

김성수, 김용식, 1993. 부전나비과 한국미기록 2종과 1기지종. 한국나비학회지, 6: 1-3.

김성수, 김용식, 1994. 남한미기록 북방점박이푸른부전나비(신칭)의 기록. 한국나비학회지, 7: 1-3.

김성수, 서영호, 2012. 한국나비생태도감. 사계절

김용식, 2007. 미접 남색물결부전나비(신칭), Jamides bochus (Stoll, 1782)의 첫 기록. 한국나비학회지, 17: 39-40.

김용식, 2010. 원색 한국나비도감. 교학사

김헌규, 미승우, 1956. 한국산 나비목록의 보정(한국산 나비 총목록). 이화여자대학교 창립70주년 기념논문집

박경태, 1996. 한국미기록 한라푸른부전나비(신칭)에 관하여. 한국나비학회지, 9: 42-43.

박동하, 2006. 미접 멤논제비나비(신칭)의 채집. 한국나비학회지, 16: 43-44.

박용길, 1992. 한국미기록 중국은줄표범나비(신칭)에 대하여. 한국인시류동호인회지, 5: 36-37.

백문기, 신유항, 2010. 한반도의 나비. 자연과 생태

백문기, 신유항, 2014. 한반도의 나비 도감. 자연과 생태

석주명, 1947. 조선산접류총목록. 국립과학박물관동물학부연구보고, 제2권 제1호, pp. 1-16.

석주명, 1947a. 조선 나비 이름의 유래기. 백양당

석주명, 1972(보정판). 한국산 접류의 연구사. 보현재

신유항, 1991. 한국나비도감. 아카데미서적

오성환, 1996. 한국미기록 큰먹나비(신칭)에 관하여. 한국나비학회지, 9: 44.

원병휘, 1959. 한국산 미기록종 남방푸른공작나비(신칭)에 대하여. 동물학회지, 2(1): 34.

윤인호, 김성수, 1992. 한국미기록 흰나비과 1종과 나방 2종에 대하여.

한국인시류동호인회지, 5: 34–35.
이승모, 1971. 설악산의 접류. 청호림연구소자료집(1)
이승모, 1973. 설악산의 접류목록. 청호림연구소자료집(4)
이승모, 1982. 한국접지. Insect Koreana 편집위원회
이영준, 2005. 한국산 나비 목록. Lucanus, 5: 18–28.
이창언·권용정, 1981. 울릉도 및 독도의 곤충상에 관하여. 자연실태종합조사보고서, 제19호, 한국자연보호중앙협의회
임홍안, 1987. 조선낮나비목록. 생물학, 3: 38–44.
임홍안, 1996. 조선특산아종나비류의 분화과정에 관하여. 생물학 4: 25–29.
조복성, 1959. 한국동물도감 (나비류). 문교부
조복성, 김창환, 1956. 한국곤충도감(나비편). 장왕사(章旺社)
주동률, 임홍안, 1987. 조선나비원색도감. 과학백과사전출판사, 평양
주동률, 임홍안, 2001. 한국나비도감. 여강출판사
주재성, 2002. 한국미기록 검은테노랑나비(신칭)에 대하여. Lucanus, 3: 13.
주재성, 2007. 한국미기록 흰줄점팔랑나비(신칭)에 대하여. 한국나비학회지, 17: 45–46.
주재성, 2009. 흰줄점팔랑나비(Pelopidas sinensis Mabille)의 국내 서식 확인 및 생활사. 한국나비학회지, 19: 9–12.
주흥재, 2006. 미접 소철꼬리부전나비 (신칭), Chilades pandava (Horsfield)의 기록. 한국나비학회지, 16: 41–42.
주흥재, 김성수, 2002. 제주의 나비. 정행사
주흥재, 김성수, 손정달, 1997. 한국의 나비. 교학사
National Institute of Biological Resources. 2019. National Species list of Korea. Ⅲ. Insects(Hexapoda). Designzip. 988pp
Aoyama, T., 1917. On *Parnassius smintheus* and Takaba - ageha from Korea. *Ins. World*, 21: 461 - 463. (in Japanese)
Butler, A.G., 1882. On Lepidoptera collected in Japan and the Corea by Mr. W. Wykeham Petty. *Ann Mag. Nat. Hist., ser.* 5, 9: 13 - 20.
Butler, A.G., 1883. On Lepidoptera from Manchuria and the Corea. *Ann Mag. Nat.*

Hist., ser. 5, 11: 109 - 117.

Cho. F.S., 1929. A list of Lepidoptera from Ooryongto (=Ulleungdo). *Chosen. Nat. Hist. Soc.*, 8: 8. (in Japanese)

Cho. F.S., 1934. Butterflies and beetles collected at Mt. Kwanboho and its vicinity. *Chosen. Nat. Hist. Soc.*, 17: 69 - 85. (in Japanese)

Doi, H., 1919. A list of butterflies from Korea. *Chosen Iho.*, 58: 115 - 118, 59: 90 - 92. (in Japanese)

Doi, H., 1931. A list of Rhopalocera from Mount Shouyou, Keiki - Do, Korea. *Chosen. Nat. Hist. Soc.*, 12: 42 - 47. (in Japanese)

Doi, H., 1932. Miscellaneous notes on the Insects. *Chosen. Nat. Hist. Soc.*, 13: 49. (in Japanese)

Doi, H., 1933. Miscellaneous notes on the Insects. *Chosen. Nat. Hist. Soc.*, 15: 85 - 86. (in Japanese)

Doi, H., 1935. New or unrecorded butterflies from Corea. *Zeph.*, 5: 15 - 19. (in Japanese)

Doi, H., 1936. An unrecorded species of Pamphila from Corea. *Zeph.*, 6: 180 - 183. (in Japanese)

Doi, H., 1937. An unrecorded butterflies from Corea. *Zeph.*, 7: 35 - 36. (in Japanese)

Doi, H. and F.S. Cho, 1931. A new subspecies of *Zephyrus betulae* from Korea. *Chosen. Nat. Hist. Soc.*, 12: 50 - 51. (in Japanese)

Doi, H. and F.S. Cho, 1934. A new species of Erebia and a new form of *Melitaea athalia latefascia* from Korea. *Chosen. Nat. Hist. Soc.*, 17: 34 - 35. (in Japanese)

Dubatolov, V.V. and A.L. Lvovsky, 1997. What is true *Ypthima motschulskyi* (Lepidoptera, Satyridae). *Trans. lepid. Soc. Japan*, 48(4): 191 - 198.

Elwes, H.J. and J. Edwards, 1893. A revision of the genus *Ypthima*, with especial reference to the characters afforded by the males genitalia. *Trans.* Ent. *Soc. London*, pp. 1 - 54, pls. 1 - 3.

Esaki, T., 1934. The genus *Zephyrus* of Japan, Corea and Formosa. *Zeph.*, 5: 194 - 212.

Esaki, T. and T. Shirozu, 1951. Butterflies of Japan. *Shinkonchu*, 4(9): 8.

Fixsen, C., 1887. Lepidoptera aus Korea - Memoires sur les Lepidopteres rediges par N. M. Romanoff, Tome 3, pp. 232 - 319, pls. 13 - 14.

Goltz, D.H., 1935. Einige Bemerkungen uber Erebien. *Dt. Ent. Z. Iris*, 49: 54 - 57.

Ichikawa, A., 1906. Insects from the Is. Saisyūtō (=Jejudo). *Hakubutu no Tomo*, 6(33): 183 - 186. (in Japanese)

Kato, Y., 2006. "*Eurema hecabe*" including two species. 昆蟲と自然, 41(5): 7 - 8.

Korshunov, Y. and P. Gorbunov, 1995. Butterflies of the Asian part of Russia. A handbook (Dnevnye babochki aziatskoi chasti Rossii. Spravochnik). 202pp. Ural University Press, Ekaterinburg. (English translation by Oleg Kosterin)

Kim, S.S., 2006. A new species of the genus *Favonius* from Korea (Lepidoptera, Lycaenidae). *J. Lepid. Soc. Korea*, 16: 33 - 35.

Kishida, K. and Y. Nakamura, 1930. On the occurrence of a satyrid butterfly, *Triphysa nervosa* in Corea. Lansania., 2(16): 4 - 7.

Lee, Y.J., 2005a. Review of the *Argynnis adippe* Species Group (Lepidoptera, Nymphalidae, Heliconiinae) in Korea. *Lucanus*, 5: 1 - 8.

Leech, J.H., 1887. On the Lepidoptera of Japan and Corea, part I. Rhopalocera. *Proc. Zool. Soc. Lond.*, pp. 398 - 431.

Leech, J.H., 1892 - 1894. Butterflies from China, Japan, and Corea. London. 681pp. pls. 1 - 43.

Matsuda, Y., 1929. On the occurrence of *Aphnaeus takanonis*. *Zeph.*, 1: 165 - 167, fig. 4.

Matsuda, Y., 1930. Notes on Corean butterflies. *Zeph.*, 2: 35 - 41. (in Japanese)

Matsumura, S., 1905. Catalogus insectorum japonicum, Vol. 1, part 1. (in Japanese)

Matsumura, S., 1907. Thousand insects of Japan. Vol. 4. (in Japanese)

Matsumura, S., 1919. Thousand Insects of Japan. Additamenta, 3. (in Japanese)

Matsumura, S., 1927. A list of the butterflies of Corea, with description of new species, subspecies and aberrations. *Ins. Mats.*, 1: 159 - 170. pl. 5.

(in Japanese)

Minotani, N. and H. Fukuda, 2009. Discovery of sympatric habitat of *Neptis pryeri* and *N. andetria*. 月刊むし, 1: 2 - 8.

Mori, T., 1925. Freshwater fishes and Rhopalocera in the highland of south Kankyo - Do. *Chosen Nat. Hist. Soc.*, 3: 54 - 59. (in Japanese)

Mori, T., 1927. A list of Rhopalocera of Mt. Hakuto and Its vicinity, with notes of their distribution. *Chosen Nat. Hist. Soc.*, 4: 21 - 23. (in Japanese)

Mori, T. and B.S. Cho, 1935. Description of a new butterfly and two interesting butterflies from Korea. *Zeph.*, 6: 11 - 14. pl. 2. (in Japanese)

Murayama, S., 1963. Remarks on some butterflies from Japan and Korea, with descriptions of 2 races, 1 form, 4 aberrant forms. *Tyo To Ga*, 14(2): 43 - 50. (in Japanese with English resume)

Nakayama, S., 1932. A guide to general information concerning Corean butterflies. *Suigen Kinen Rombun*, pp. 366 - 386. (in Japanese)

Nire, K., 1917. On the butterflies of Japan. *Zool. Mag. Japan*, 29: 339 - 340, 342 - 343. (in Japanese)

Nire, K., 1918. On the butterflies of Japan. *Zool. Mag. Japan*, 30: 353 - 359. (in Japanese)

Nire, K., 1919. On the butterflies of Japan. *Zool. Mag. Japan*, 31: 233 - 240, 269 - 273, 343 - 350, 369 - 376, pls. 3 - 4. (in Japanese)

Nomura, K., 1935. Note on some butterflies of the genus *Neptis* from Formosa and Corea. *Zeph.*, 6: 29 - 41. (in Japanese)

Okamoto, H., 1923. Korean butterflies. *Cat. Spec. Exh. Chos.*, pp. 61 - 70. (in Japanese)

Okamoto, H., 1924. The insect fauna of Quelpart Island. *Bull. Agr. Exp. Chos.*, 1: 72 - 95.

Okamoto, H., 1926. Butterflies collected on Mt. Kongo, Korea. *Zool. Mag.*, 38: 173 - 181. (in Japanese)

Seitz, A., 1909. The macrolepidoptera of the World, Sec. 1, The Palaearctic

Butterflies. 379pp.

Seok, J.M., 1934. Butterflies collected in the Paiktusan Region, Corea. *Zeph*., 5: 259 - 281. (in Japanese)

Seok, J.M., 1934a. Papilioj en Koreujo, *Bull. Kagoshima Coll. 25 Anniv*., 1: 730 - 731, pl. 10, figs. 204 - 205. (in Japanese)

Seok, J.M., 1936. Papilij en la Monto Ziisan. Bot. *Zool. Tokyo*, 4(12): 53 - 58. (in Japanese)

Seok, J.M., 1936a. Pri la du novaj specoj de papilioj, *Neptis okazimai* kaj *Zephyrus ginzii*. *Zool. Mag*. 48: 60 - 62, pl. 2, fig. 1 - 4. (in Japanese)

Seok, J.M., 1936b. On a new species *Melitaea snyderi* Seok. *Zeok*., 6: 178 - 179, pls. 18 - 19. (in Japanese)

Seok, J.M., 1937. On the butterflies collected in Is. Quelpart, with the description of a new subspecies. *Zeph*., 7: 150 - 174. (in Japanese)

Seok, J.M., 1939. A synonymic list of butterflies of Korea (Tyōsen). Seoul, 391pp.

Seok, J.M., 1941. On the butterflies collected in the Mountain ridge of Kambo. *Zeph*., 9; 103 - 111. (in Japanese)

Staudinger, O. and H. Rebel, 1901. Katalog der Lepidopteren des Palaearctischen Faunengebietes 1 Theil, 98pp.

Sugitani, I., 1930. Some butterflies from Kainei (=Hoereong), Corea. *Zeph*., 2: 188. (in Japanese)

Sugitani, I., 1931. Some rare butterflies from Mt. Daitoku - San, Korea. *Zeph*., 2: 290. (in Japanese)

Sugitani, I., 1932. Some butterflies from N.E. Corea, new to the fauna of the Japanese Empire. *Zeph*., 4: 15 - 30. (in Japanese)

Sugitani, I., 1933. On some butterflies of Nymphalidae and Lycaenidae. *Zeph*., 5: 15. (in Japanese)

Sugitani, I., 1936. Corean butterflies (5). *Zeph*., 6: 157 - 158. (in Japanese)

Sugitani, I., 1937. Corean butterflies (6). *Zeph*., 7: 14. (in Japanese)

Sugitani, I., 1938. Corean butterflies (7). *Zeph*., 8: 1 - 16, pl. 1. (in Japanese)

저자 소개

그림

옥영관 1972년 서울에서 태어났습니다. 어릴 때 살던 동네는 아직 개발이 되지 않아 둘레에 산과 들판이 많았답니다. 그 속에서 마음껏 뛰어놀면서 늘 여러 가지 생물에 호기심을 가지고 자랐습니다. 고등학교 다닐 무렵 우연히 화실을 알게 되어 화가를 꿈꾸게 되었습니다. 홍익대학교 미술대학과 대학원에서 회화를 공부하고 작품 활동과 전시회를 여러 번 열었습니다. 또 8년 동안 방송국 애니메이션 동화를 그리기도 했습니다. 몇 해 전부터 우연인지 필연인지 생태그림을 그려 왔던 친구와 편집자 권유로 딱정벌레, 나비, 잠자리 도감에 들어갈 그림을 그리고 있습니다. 요즘에는 틈틈이 산과 들에 나가 여러 곤충들을 관찰하여 그림을 그리고 있답니다. 《세밀화로 그린 보리 어린이 잠자리 도감》, 《세밀화로 그린 보리 어린이 곡식 채소 도감》, 《나비 도감》에 그림을 그렸습니다.

글

백문기 초등학교 때부터 여름방학 숙제로 '앞산의 곤충', '뒷산의 곤충' 관찰 기록지와 표본을 제출해 여러 번 대상을 받았을 정도로 곤충을 좋아했습니다. 중, 고등학교 때는 생물반에서 활동했고, 대학에 들어가서는 곧바로 곤충 연구실에 연구생으로 들어가 곤충을 배웠습니다. 국립보건원과 국립공원관리공단을 거쳐 가천길대학 겸임교수로 일했습니다. 지금은 한반도곤충보전연구소 소장과 한국숲교육협회 이사 등으로 활동하고 있습니다. 요즘에도 늘 산과 들을 돌아다니면서 여러 가지 곤충을 관찰하고 있습니다. 《한국의 곤충-명나방류 II》, 《화살표 곤충도감》, 《한반도 나비 도감》, 《우리 동네 곤충 찾기》, 《한국 밤 곤충 도감》, 《한반도의 나비》, 《한국 곤충 총 목록》, 《한국산 명나방상과 도해도감》, 《명나방상과의 기주식물》 같은 책을 썼습니다.